图 2-1　球体效果　　　图 2-31　柱体效果　　　图 2-46　锥体效果　　　图 2-82　立方体效果

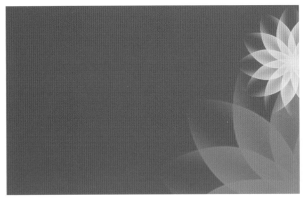 

图 2-97　梦幻桌面壁纸　　　　　　　　　图 3-1　裁切照片

图 3-7　制作证件快照

U0228027

图 3-29　令照片的色彩更加鲜艳

图 3-54　调出深秋色彩

图 3-75　制作淡彩背景

图 3-98　制作双色调模式的照片

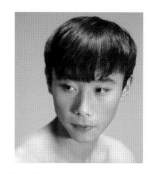

图 3-110　修复照片中的瑕疵

图 4-1　合成壁画

图 4-20　三折页宣传单

图 4-54　水晶按钮

图 4-83 网页端登录对话框

图 4-111 桌面图标

图 4-122 制作手机 APP 界面

图 5-20 音乐招贴

图 5-56　数码科技元素

图 5-65　鼠绘插画

图 6-1　合成照片

图 6-9　企业宣传展板

图 6-32　淘宝网页海报

图 6-50　榨汁机促销单页

图 6-76　利用通道抠取头发

图 6-90　利用通道抠取婚纱

图 7-1　科技会议招贴

图 7-28　梦幻的光束翅膀

图 7-40　为画面添加风雪效果

图 7-55　制作彩色小贝壳

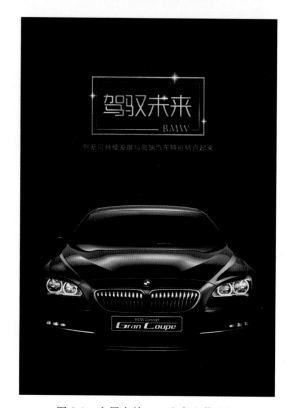

图 8-1　金属字效——汽车宣传海报

图 8-14　立体字效——双 11 促销广告

图 8-24　毛绒字效——玩具店海报

图 8-38　火焰字效——摩托车促销海报

图 9-1　竹制蒸笼店铺首页设计与制作

图 9-40　家居毯子详情页的设计与制作(1)

图 9-44　家居毯子详情页的设计与制作(2)

图 9-45　家居毯子详情页的设计与制作(3)

图 10-5　制作旋转的曲线丛效果

图 10-11　用动作添加风雪效果

高等院校计算机任务驱动教改教材

Photoshop
图形图像设计案例教程

孙育红　主　编

清华大学出版社
北京

内 容 简 介

本书以案例的形式详细介绍了使用 Photoshop CC 进行图形图像处理和设计的主要操作方法,内容包括 Photoshop 基础知识、基本图形的绘制、数码照片的修饰与处理、图层的运用、路径的运用、蒙版与通道的运用、滤镜的运用、文字特效、淘宝网店装修、动作的运用等。涉及海报设计、宣传手册设计、展板设计、数码照片处理、网页设计、光盘封面设计、招贴设计、插画绘制等多种案例,结构合理,语言简练,讲解深入浅出,步骤详细,重点明确,图文并茂。

本书配有教学与学习辅助资源,包括每个案例的操作演示视频,操作素材,详细的课程教学计划、教学大纲、电子教案、电子课件等。适合作为本科院校、职业院校和社会培训机构平面设计课程的教材,也可作为初、中级读者自学 Photoshop CC 的参考书。

图书在版编目(CIP)数据

Photoshop 图形图像设计案例教程/孙育红主编.—北京:清华大学出版社,2017(2024.9重印)

(高等院校计算机任务驱动教改教材)

ISBN 978-7-302-47032-8

Ⅰ.①P… Ⅱ.①孙… Ⅲ.①图象处理软件－高等学校－教材 Ⅳ.①TP391.413

中国版本图书馆 CIP 数据核字(2017)第 101912 号

责任编辑:张龙卿
封面设计:徐日强
责任校对:袁　芳
责任印制:刘海龙

出版发行:清华大学出版社

网　　　址:https://www.tup.com.cn,https://www.wqxuetang.com
地　　　址:北京清华大学学研大厦 A 座　　　　　　　　邮　　编:100084
社 总 机:010-83470000　　　　　　　　　　　　　　邮　　购:010-62786544
投稿与读者服务:010-62776969,c-service@tup.tsinghua.edu.cn
质量反馈:010-62772015,zhiliang@tup.tsinghua.edu.cn
课件下载:https://www.tup.com.cn,010-83470410

印 装 者:三河市龙大印装有限公司
经　　销:全国新华书店
开　　本:185mm×260mm　　印　张:19.5　　插　页:5　　字　数:484 千字
版　　次:2017 年 7 月第 1 版　　　　　　　　　　　印　次:2024 年 9 月第 7 次印刷
定　　价:54.00 元

产品编号:073714-02

前　言

几位长期在本科院校从事 Photoshop 教学的老师和专业平面设计公司经验丰富的设计师合作，共同编写了本书。本书旨在培养读者利用 Photoshop 软件进行图形图像处理和设计的能力，通过大量经典的案例、多彩的画面帮助读者掌握软件功能，激起读者学习的兴趣，提高读者的审美能力、创造力和想象力。

本书系统介绍了 Photoshop CC 的基本功能、操作方法和应用技巧。本书共分 10 章，主要包括 Photoshop 基础知识、基本图形的绘制、数码照片的修饰与处理、图层的运用、路径的运用、蒙版与通道的运用、滤镜的运用、文字特效、淘宝网店装修、动作的运用等。

本书采用任务驱动形式编写，将软件功能的讲解融入案例制作中。基本知识的编写按照"设置情境，安排任务"→"点出知识要点，找到解决办法"→"完成任务，同化知识"→"解析知识，顺应知识"→"自主练习，实现意义建构"的顺序引入相关概念并展开教学，使读者顺利完成对新知识的掌握。读者边用边学，在实践中对工具、命令和设计原理获得感性认识，在知识解析和自主练习中将感性知识上升为理性认识。

本书由孙育红担任主编，参编人员有吴娟、庞胜楠、刘彦秀、牟晓东、李长松。其中，第 1 章、第 3～6 章由孙育红编写，第 2 章由吴娟编写，第 7 章由庞胜楠编写，第 8 章由牟晓东编写，第 9 章由刘彦秀编写，第 10 章由李长松编写。此外，山东省德州市"80 后设计工作室"的王兆龙总设计师、济南新视觉数码有限公司的张鲁浙设计总监在本书制订结构方案、案例选取与素材收集等方面做了大量工作，山东女子学院 2016 级数字媒体艺术（服务外包）专业的赵珂、蒋礼帅、朱瑞馨、黄福蕊、高登基、王丽君等同学为本书的编写做了大量的材料收集、整理工作，2015 级视觉传达设计专业的袁凯泰同学提供了部分照片，2016 级数字媒体技术专业的陶广浩、樊昌新同学参与了校对及排版工作，在此表示真诚的感谢！

本书配套建设了蓝墨云班课教学资源包，方便大家开设线上线下混合式教学，有需要者请联系 103474533@qq.com。

由于编者的经验和水平所限，书中的内容难免有不足和疏漏之处，敬请读者提出宝贵的意见和建议。

编　者

2017 年 3 月

目　录

第1章 Photoshop 基础知识

1.1 图形图像基础知识

1.1.1 图像的种类及分辨率

计算机主要以矢量图(vector)或位图(bitmap)格式显示图像,理解两者的区别能帮助我们更好地应用 Photoshop 进行图形图像设计。

1. 位图图像

位图图像(也称为点阵图像或绘制图像)是由许多单个点组成的,其中每个点称为像素,这些点进行不同的排列和染色后构成图像。例如图 1-1 中左侧原图中树叶的颜色和形状是连续的,当使用放大镜放大后(图 1-1 右侧是将原图放大 400 倍后的效果),这时可以看到构成整个图像的无数个方块(即像素),每一个像素都是单独染色。位图图像包含固定数量的像素,如果在屏幕上对它进行放大数倍显示,位图图像会出现锯齿边缘和马赛克现象。

图 1-1

2. 矢量图

矢量图是用一系列计算指令来表示的图,其轮廓主要由直线和曲线组成,轮廓画出后可以填充颜色。矢量图和分辨率无关,移动、缩放或更改颜色不会降低图形的品质,放大后图像不会失真。

3. 分辨率

分辨率用于衡量图像细节的表现能力,在图形图像处理中,常常涉及的分辨率的概念有以下几种不同的形式。

(1) 图像分辨率

图像分辨率是指单位图像线性尺寸中所包含的像素数目,通常以像素/英寸(ppi)为计量单位。打印尺寸相同的两幅图像,高分辨率的图像比低分辨率的图像所包含的像素多。例如:打印尺寸为 1 英寸×1 英寸的图像,如果分辨率为 72ppi,包含的像素数目为 5184 (72×72)像素。如果分辨率为 300ppi,图像中包含的像素数目则为 90000 像素。高分辨率的图像在单位区域内使用更多的像素表示,打印时它们能够比低分辨率的图像重现更详细和更精细的颜色转变。

要确定使用的图像分辨率,应考虑图像最终发布的媒介。如果制作的图像用于计算机屏幕显示,图像分辨率只需满足典型的显示器分辨率(72ppi 或 96ppi)即可。如果图像用于打印输出,那么必须使用高分辨率(150ppi 或 300ppi),低分辨率的图像打印输出会出现明显的颗粒和锯齿边缘。

需要注意的是,图像中包含的原始像素的数目不能改变,如果原始图像的分辨率较低,简单地提高图像分辨率不会提高图像品质。

（2）显示器分辨率

显示器分辨率是指显示器上每单位长度显示的像素或点的数目,通常以点/英寸(dpi)为计量单位。显示器分辨率决定于显示器尺寸及其像素设置,PC 显示器典型的分辨率为 96dpi。

在平时的操作中,图像像素被转换成显示器像素或点,这样,当图像的分辨率高于显示器的分辨率时,图像在屏幕上显示的尺寸比实际的打印尺寸大。例如,在 96dpi 的显示器上显示 1 英寸×1 英寸、192 像素/英寸的图像时,屏幕上将以 2 英寸×2 英寸的区域显示。

（3）打印机分辨率

打印机分辨率是指打印机每英寸产生的油墨点数,大多数激光打印机的输出分辨率为 300~600dpi,高档的激光照排机在 1200dpi 以上。打印机的 dpi 是印刷上的计量单位,是指每平方英寸上印刷的网点数。印刷上计算的网点大小(dot)和计算机屏幕上显示的像素 (pixel)是不同的。

1.1.2　色彩属性

要理解和运用色彩,必须掌握进行色彩归纳整理的原则和方法。而其中最主要的是掌握色彩的属性。

色彩可分为无彩色和有彩色两大类。前者如黑、白、灰,后者如红、黄、蓝等。有彩色就是具备光谱上的某种或某些色相,统称为彩调。与此相反,无彩色就没有彩调。

有彩色可以用三组特征值来确定,色相、明度、纯度称为色彩的三属性。无彩色没有色相和纯度的度量,只有明度上的变化。

（1）色相(hue)

色相是指色彩的相貌,在色彩的三种属性中色相被用来区分颜色。根据光的不同波长,色彩具有红色、黄色或绿色等性质,这被称为色相。黑白没有色相,为中性。

（2）明度(value)

根据物体的表面反射光的程度不同,色彩的明暗程度就会不同,这种色彩的明暗程度称为明度。

（3）纯度(chroma)

纯度是指色彩饱和程度,光波波长越单纯,色相纯度越高;相反,色相的纯度越低。

1.1.3　颜色模式

颜色模式是用于表现颜色的一种数学算法,是指一幅图像用什么方式在计算机中显示或打印输出。常见的颜色模式包括位图模式、灰度模式、双色调模式、RGB 模式、CMYK 模式、Lab 模式、索引模式以及 8 位/16 位多通道模式。模式不同,对图像的描述和所能显示的颜色数量就不同,这些抽象的知识等大家对 Photoshop 软件有一定了解后,本书将在第 3 章知识解析里有详细介绍。

1.1.4　图像文件格式

不同的文件格式其用途也不一样,可以用扩展名来区分不同的格式,如 PSD、BMP、TIF、JPG、CDR、EPS 等,常用的文件格式有以下几种。

（1）PSD 格式

PSD 格式是 Photoshop 的默认文件格式,该格式能够存储图层、通道、蒙版和其他图像信息。其后缀名有两种,即 PSD 和 PDD。

（2）TIFF 格式

TIFF 格式的全称为 tag image file format(标记图像文件格式)。它是基于标记的文件格式,被广泛地应用于对图像质量要求较高的图像的存储与转换。由于它的结构灵活和包容性大,它已成为图像文件格式的一种标准,绝大多数图像系统都支持这种格式。它采用 LZW Compression 压缩方式,这是一种几乎无损的压缩形式。用 Photoshop 编辑的 TIFF 文件可以保存路径和图层。

（3）JPEG 格式

JPEG 格式的全称为 joint photographic experts group(联合图像专家组),它是目前最优秀的数字化摄影图像的存储方式,是网页上常用的一种格式。JPEG 格式是一种有损失的压缩方案,可存储 RGB 和 CMYK 颜色模式的图像,不支持 Alpha 通道,也不支持透明度。

（4）BMP 格式

BMP 格式是 Windows 操作系统的画笔程序固有格式,BMP 格式的文件可以用 RLE (运行长度编码)的无损失压缩方案进行压缩。

（5）GIF 格式

GIF(graphics interchange format)的原义是"图像互换格式",GIF 分为静态 GIF 和动态 GIF 两种,支持透明背景图像,适用于多种操作系统,文件很小。一个 GIF 文件中可以存多幅彩色图像,如果把存于一个文件中的多幅图像数据逐幅读出并显示到屏幕上,就可构成一种最简单的动画,网上很多小动画都是 GIF 格式。但 GIF 只能显示 256 色,与 jpg 格式一样,GIF 是一种在网络上非常流行的图形文件格式。

（6）PNG 格式

PNG(portable network graphic)文件存储格式,PNG 文件采用 LZ77 算法的派生算法进行压缩,其结果是获得高的压缩比,不产生颜色的损失。PNG 图形具有更优化的网络传输显示,它允许连续读出和写入图像数据,这个特性很适合于在通信过程中显示和生成图像,图像在浏览器上采用流式浏览,在完全下载之前提供浏览者一个基本的图像内容,然后再逐渐清晰起来。

PNG 支持透明效果，可以为原图像定义 256 个透明层次，使得彩色图像的边缘能与任何背景平滑地融合，从而彻底地消除锯齿边缘。GIF 和 JPEG 不具有这个功能。

（7）EPS 格式

EPS 格式的全称为 encapsulated postscript 格式，可同时包含像素信息和矢量信息。EPS 是 Adobe 公司矢量绘图软件 Illustrator 本身的向量图格式，它常用于位图与矢量图之间交换文件。在 Photoshop 打开 EPS 格式时是通过【文件】菜单的【导入】命令来进行点阵化转换。

（8）PDF 格式

PDF（porable document format）格式是一种跨平台的文件格式，通常使用 Acrobat Reader 进行浏览。PDF 格式支持标准 Photoshop 格式所支持的所有颜色模式和功能，支持 JPEG 和 ZIP 压缩，但使用 CCITTGroup4 压缩的位图模式图像除外。

1.2　认识 Photoshop 界面环境

启动 Photoshop 后会出现如图 1-2 所示的操作界面，该界面包含了 Photoshop 各组成部分。

图　1-2

1.2.1　菜单和快捷菜单

主菜单位于窗口界面的上方，Photoshop 将所有的功能命令分类，分别放在 10 个不同的菜单中，单击其中一个菜单名，即可打开其下拉菜单，如图 1-3 所示。

快捷菜单是为了方便用户操作而产生的。在窗口中右击即可打开快捷菜单。不同的图

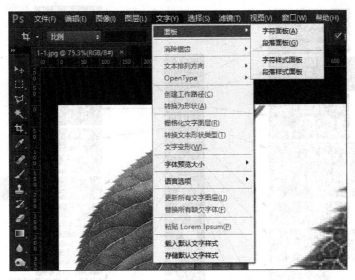

图   1-3

像编辑状态,其快捷菜单也不同。如图 1-4 所示是选择一个区域后的快捷菜单。

图   1-4

1.2.2 工具箱

　　Photoshop 的工具箱中共有 50 多种工具,鼠标光标指向工具按钮稍等片刻,可以出现该工具的名称提示。单击某工具按钮,可以使用该工具。工具按钮右下方的三角形符号表示该按钮下还包含其他工具。在工具按钮上按住鼠标左键不放,可以显示隐藏的工具,直接选择某个隐藏的工具即可使用,如图 1-5 所示。

1.2.3 工具属性栏

　　选择某个工具后,在菜单栏的下方都会显示该工具对应的属性设置。在菜单栏中选择

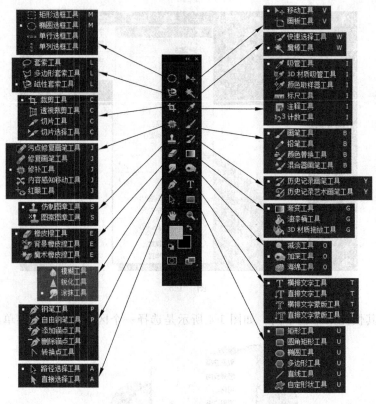

图   1-5

【窗口】→【选项】命令，可在隐藏或显示工具属性栏之间切换。如图 1-6 所示是【画笔】工具的属性栏。

图   1-6

1.2.4   浮动面板

浮动面板是非常重要的辅助作图工具，其主要功能是帮助我们完成各种图像处理操作和设置各种参数。各种浮动面板可以通过窗口菜单调出，如图 1-7 所示。

默认状态下，浮动面板分为三组，每一组由数个面板被分散组装定制在一起，它们浮动在活动窗口的最上方，单击浮动面板图标，会打开相应的浮动面板。再次单击会隐藏浮动面板，例如单击 Ai 按钮，可以打开字符面板，如图 1-8 所示。

对浮动面板可进行调整位置、改变大小等操作，具体如下。

- 调整面板的大小：用鼠标拉动面板的边线。
- 将某面板从面板组中分离出来：拖动该面板的标题栏到另一位置。
- 将拆分开的面板还原：拖动面板到原来的面板组即可。
- 移动面板组：拖动面板组的蓝色标题栏即可。
- 要复位所有面板位置：选择【窗口】/【工作区】/【复位基本功能】命令。

6

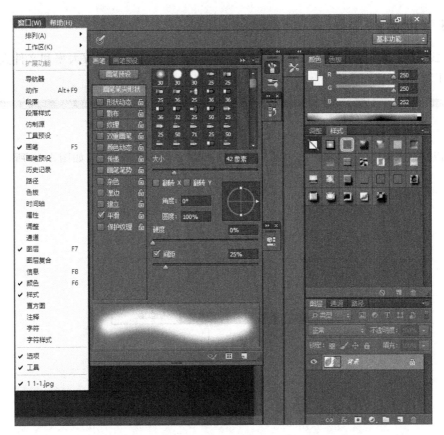

图 1-7

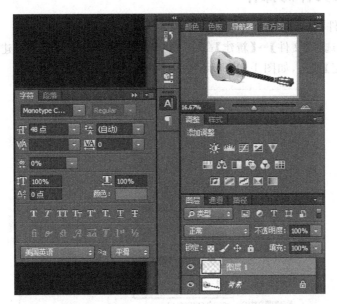

图 1-8

1.2.5 状态栏

状态栏位于每个文档窗口的底部,并显示诸如现用图像的当前放大率和文件大小等信息,如图 1-9 所示。

图　1-9

可以单击文档窗口底部边框中的三角形来查看文档的其他信息,如图 1-10 所示。

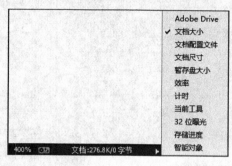

图　1-10

1.3　Photoshop 基本操作

1.3.1　图像文件的操作

（1）新建文件

在菜单栏中选择【文件】→【新建】命令(快捷键为 Ctrl＋N),打开【新建】对话框,设置各参数后单击【确定】按钮,如图 1-11 所示,即可产生一个新的空白文件。

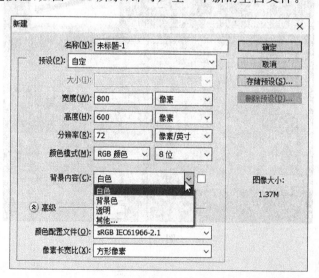

图　1-11

名称：输入新文件的名称。

宽度、高度、分辨率：在这些文本框里输入文件的宽度、高度和分辨率的数值，并在后面的列表中选择单位。

颜色模式：选择新文件的颜色模式。

背景内容：设置背景的颜色。其选项包括"白色""背景色"和"透明"，也可以选择"其他"，在弹出的【拾色器（新建文档背景颜色）】对话框中选择需要的颜色。Photoshop 中以灰白相间的方格表示透明的背景。

高级：可设置【色彩配置文件】与【像素纵横比】选项。

（2）打开文件

在 Photoshop 里打开文件有下列两种方法。

- 选择【文件】→【打开】命令，可以打开文件（组合键为 Ctrl＋O）。
- 在【打开】对话框中按 Ctrl 键来逐个选择图像文件或按 Shift 键连续选择多个文件，单击【打开】按钮，就可将选中的多个文件同时打开。

（3）用【打开为】命令打开文件

选择【文件】→【打开为】命令，可打开为指定格式的文件，其对应的组合键是 Alt＋Shift＋Ctrl＋O。

（4）最近打开的文件

该功能能用于记录软件最近处理过的文件。选择【文件】→【最近打开文件】命令，即可在弹出的菜单中选择最近打开过的文件，如图 1-12 所示。

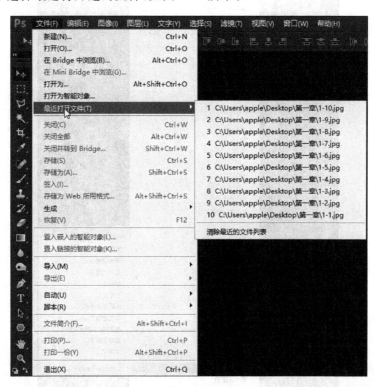

图　1-12

默认状态下,Photoshop【最近打开文件】子菜单中只能存储10个文件,可通过选择菜单栏中的【编辑】→【首选项】→【文件处理】命令打开相应的对话框,将对话框列表中的文件数量重新进行设置。

（5）存储与存储为

如果是第一次存储,【文件】菜单栏中的【存储】命令和【存储为】命令没有区别,都将出现【另存为】对话框。对于已经存储过的文件,选择【存储】命令则会自动将编辑好的部分加入原来已存储的文件中,不会出现【另存为】对话框。【存储】命令对应的组合键是 Ctrl+S。【存储为】命令用于将原有文件存储为其他格式或另存为一个副本。

（6）关闭

在 Photoshop 里,关闭文件的方法也有多种。

- 选择【文件】→【关闭】命令关闭当前文件。
- 按组合键 Ctrl+W 或 Alt+F4 关闭文件。
- 单击要关闭文件窗口的"关闭"按钮 ✕ 关闭文件。

1.3.2 配置 Photoshop

（1）常规

单击【编辑】菜单下的【首选项】,选择【常规】命令,见图 1-13,打开【首选项】对话框。或

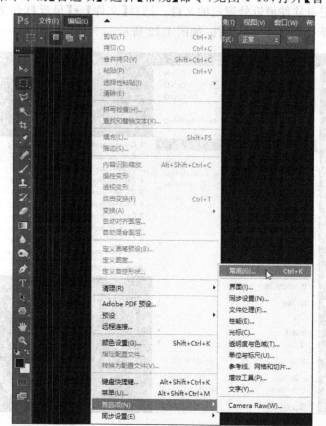

图 1-13

者在主界面中直接按快捷键 Ctrl＋K 来迅速打开【首选项】对话框。在【常规】选项卡中，【拾色器】和【图像插值】一般保持默认值即可；下方的选项可以按照自己的需求确定是否选择，Photoshop 会相应地出现操作上的变化，见图 1-14。

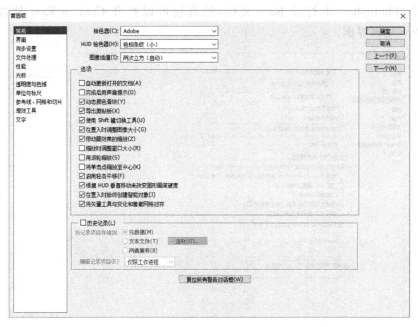

图　1-14

（2）界面

【界面】选项卡分为【外观】、【选项】和【文本】三个选项区。【外观】选项区可以通过改变下拉选项改变画布边缘样式，【选项】选项区可以修改面板和文档工作区风格；【文本】选项区可以设置 Photoshop 显示的语言和字体大小，如图 1-15 所示。

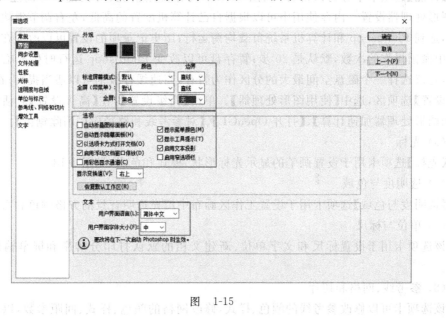

图　1-15

（3）文件处理

【文件处理】选项卡主要设置存储选项和 Camera Raw 选项，见图 1-16。存储选项可以修改最近打开的文件数量，Camera Raw 是内置于 Photoshop 中，专门处理 RAW 格式的一个插件。在 Photoshop 中打开 Raw 文件，就直接可以打开 Camera Raw 插件，并进入 Camera Raw 编辑界面。

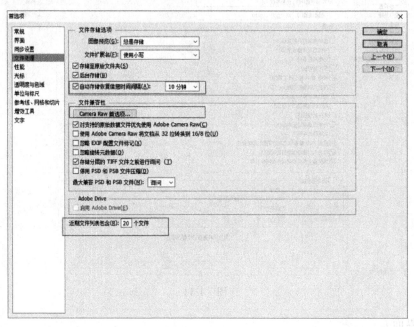

图　1-16

（4）性能

【性能】选项卡中分为四部分（见图 1-17）：内存使用情况、历史记录与高速缓存、暂存盘、图形处理器设置。内存使用中可以根据自己计算机配置的高低，左右调节滑块到一个适合值，达到 Photoshop 和计算机系统负载均衡运行；历史记录项的设置可以改变在图片处理过程中撤销操作的次数，默认是 20 步；暂存盘可以改变 Photoshop 运行时生成临时文件的位置，建议选择一个磁盘空间最大的分区作为暂存，高速缓存级别可以适当提高；在【图形处理器设置】选项区，选中【使用图形处理器】。单击【高级设置】，在【高级设置】对话框中选中【使用图形处理器加速计算】、【打开 OpenGL】、【对参考线和路径应用消除锯齿】。

（5）光标

【光标】选项卡用于设置画笔的显示光标形状、模式和色彩，见图 1-18。

（6）透明度与色域

【透明度与色域】选项卡用于设置工作区画布中填充透明背景的方格颜色和大小。

（7）单位与标尺

该选项卡用于设置标尺和文字单位、新建文档的默认打印分辨率和屏幕输出分辨率值等。

（8）参考线、网格和切片

该选项卡可以修改参考线的颜色、样式，修改网格的颜色、样式、间距参数，以及修改切

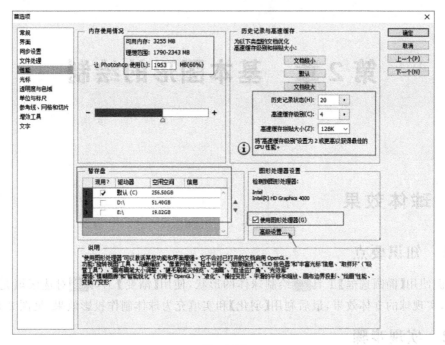

图　1-17

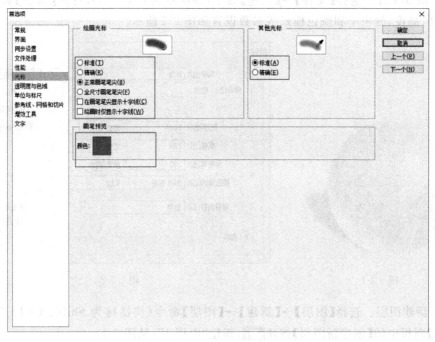

图　1-18

片的颜色。

（9）增效工具与文字

这两个选项卡中使用 Photoshop 默认值即可。

设置完毕后，单击右上角的【确定】按钮，保存修改的选项。

13

第 2 章　基本图形的绘制

2.1　球体效果

2.1.1　知识要点

本例使用【椭圆选框】工具  绘制球体的形状,使用【渐变】工具 ■ 对选区填充径向渐变颜色,实现球的立体效果,最后利用【羽化】和实填充为球体制作投影效果,见图 2-1。

2.1.2　实现步骤

(1) 新建文件。选择【文件】→【新建】命令(快捷键为 Ctrl+N),打开【新建】对话框,文件的宽度、高度、分辨率和颜色模式等参数设置如图 2-2 所示。

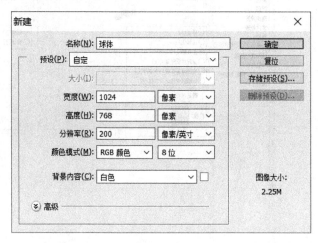

图　2-1　　　　　　　　　　　　　　　　图　2-2

(2) 新建图层。选择【图层】→【新建】→【图层】命令(快捷键为 Shift+Ctrl+N),或单击【图层】面板中的【创建新图层】按钮 ■ ,新建“图层 1”,见图 2-3。

提示:在 Photoshop 中,为了方便修改和添加图层样式,一般不在背景图层上绘制图形,需要新建图层。

(3) 绘制一个正圆形选区。选择工具箱中的【椭圆选框】工具 ○ (快捷键为 M),在按下 Shift 键的同时拖动鼠标绘制出一个正圆的选区,见图 2-4。

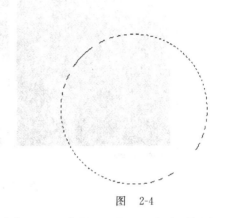

图 2-3 图 2-4

（4）设置前景色和背景色。单击工具箱中的【设置前景色】按钮，如图 2-5 所示，打开
【拾色器(前景色)】对话框，在其中将前景色设置为白色，单击【确定】按钮；再在工具箱中单
击【设置背景色】按钮，打开【拾色器(背景色)】对话框，在其中将背景色设置为浅灰色(R：
154；G：154；B：154)，见图 2-6 和图 2-7，单击【确定】按钮。

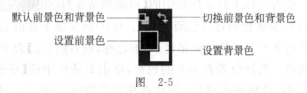

图 2-5

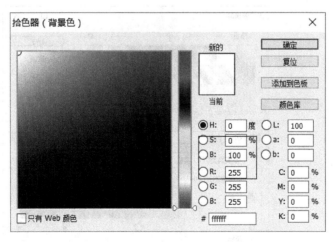

图 2-6

（5）设置【渐变】工具 属性。选择工具箱中的【渐变】工具 (快捷键为 G)，并在窗
口菜单栏下面【渐变】工具对应的工具属性栏中选择【径向渐变】 ，【不透明度】为 100，见
图 2-8。

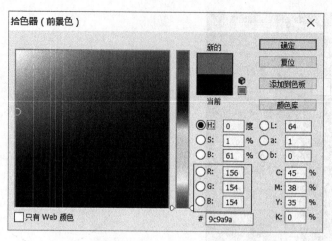

图　2-7

单击可编辑渐变　径向渐变

图　2-8

（6）增加色标。单击属性工具属性栏中的【可编辑渐变】按钮 ，在弹出的【渐变
编辑器】对话框中选择"前景色到背景色渐变" 。单击渐变条下方的右侧色标 ，设置【位
置】为80％。在渐变色条下方的任意处单击，增加色标，设置【位置】为100。

（7）更改色标颜色。选择位置在 100 的色标，单击对话框中的【更改所选色标颜色】按
钮，见图 2-9，在【拾色器（色标颜色）】对话框中改变颜色为白色（R：255；G：255；B：255），渐

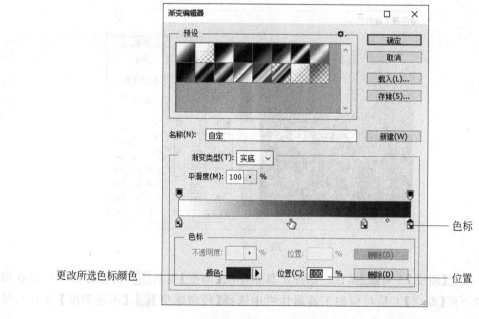

图　2-9

变色设置完成后,单击【确定】按钮。本例中三个色标从左至右分别为白色(R:255;G:255;B:255)、灰色(R:156;G:154;B:154)、白色(R:255;G:255;B:255)。

　　提示:利用【渐变】工具 ⬛ 可以很方便地创建一个颜色(右边色标)向另一个颜色(左边色标)的过渡,也可以设置多种颜色的渐变。在渐变色条下方,当鼠标光标变成小手形状时,单击可以增加色标,向下拖动色标到色条外可以删除多余色标。

　　(8) 为选区填充渐变色。在选区中由左上向右下拉动鼠标(如图 2-10 所示的箭头方向),得到一个由白色到灰色再到白色的渐变填充。选择【选择】→【取消选择】命令(快捷键为 Ctrl+D)取消选择,此时立体感的球体初具模型,已经具备了“高光”“阴暗交界部”“暗部”和“反光”4 个调子,效果见图 2-11。

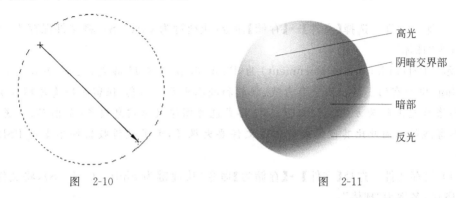

图　2-10　　　　　　　　　　　图　2-11

　　(9) 为球体制作阴影。

　　① 绘制影子选区。在【图层】面板中选中“背景”图层,单击【图层】面板中的【创建新图层】按钮 ◨ ,新建“图层 2”。使得“图层 2”位于“图层 1”下方。选择工具箱中的【椭圆选框】工具 ◯ ,在圆球右下方绘制一个椭圆的选区,见图 2-12。选择【选择】→【变换选区】命令(或在画布空白处右击,在弹出的快捷菜单中选择【变换选区】命令),变换选区形状,如图 2-13所示,按 Enter 键确认操作。

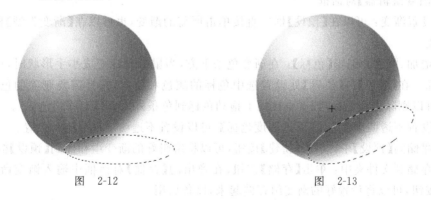

图　2-12　　　　　　　　　　　图　2-13

　　② 羽化选区。选择【选择】→【修改】→【羽化】命令(快捷键为 Shift+F6),打开【羽化选区】对话框,将羽化半径设置为 5 像素,并单击【确定】按钮,见图 2-14。

　　③ 为选区填充颜色。设置前景色为深灰色(R:110;G:110;B:110),并按快捷键Alt+Delete 使用前景色填充选区,效果见图 2-15,取消选择(快捷键为 Ctrl+D),完成后效果见图 2-1。

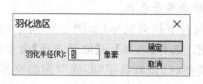 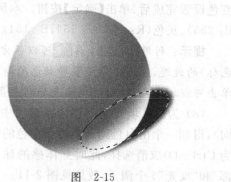

图　2-14　　　　　　　　　　　　　　　　　　　　　图　2-15

（10）保存文件。选择【文件】→【存储】命令（快捷键为 Ctrl＋S），将文件保存为 PSD 格式，名称为"球体"。

提示：PSD（Photoshop Document）为 Photoshop 的专用格式，这种格式可以存储 Photoshop 中所有的图层、通道、参考线、注解和颜色模式等信息，保留了所有原图像数据信息，因而修改起来较为方便。但由于 PSD 格式包含图像数据信息较多（如图层、通道、剪辑路径、参考线等），因此比其他格式的图像文件要大很多，大多数排版软件不支持 PSD 格式的文件。

（11）另存文件。选择【文件】→【存储为】命令（快捷键为 Shift＋Ctrl＋S），将文件另存为 jpg 格式，名称为"球体"。

提示：JPEG 格式是一种有损压缩文件，文件比较小，是网页上常用的图像格式。

2.1.3　知识解析

（1）渐变编辑器

在【渐变】工具 的工具属性栏中单击【可编辑渐变】按钮 ▭，可弹出如图 2-16 所示的【渐变编辑器】对话框。

① 设置渐变：可以在【预设】框中直接单击所需的渐变，也可以在【渐变类型】框中编辑自定渐变。

② 增加、删除和编辑【色标】：在渐变色条下方，当鼠标光标变成小手形状时，单击可以增加色标。在【颜色】与【位置】处设置选中色标的颜色和位置，选择需要删除的色标，单击【删除】可以删除多余色标，或者直接向下拖动色标到色条外，也可以删除"色标"。

③ 设置不透明度：选中【不透明度色标】，可以设置不透明度百分比和位置。

④ 存储到【预设】中：单击【新建】按钮，可以将编辑好的渐变组存储到【预设】框中。

⑤ 存储到文件夹中：单击【存储】按钮，在弹出的【存储】对话框中输入渐变命名，单击【保存】按钮，可以将设置好的渐变组存储起来，以备后用。

⑥ 载入渐变设置：单击【载入】按钮，可以将已存储的渐变组调入【预设】框中。

⑦ 修改【预设】：单击【预设】组右侧的按钮 ✿￫，可以打开快捷菜单，修改【预设】渐变组的显示方式，追加、替换或复位渐变组。

（2）渐变工具

在工具箱中选择【渐变】工具，就会在工具属性栏中显示它的相关属性，如图 2-17 所示，

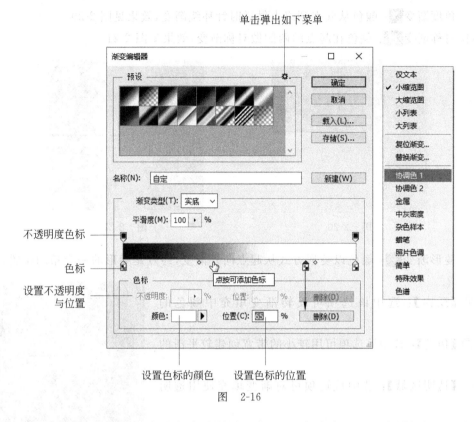

图 2-16

在画布中拖动鼠标，即可为画布进行渐变填充。如果画布中有选区，则只为选区进行渐变填充。

图 2-17

渐变工具选项栏中的选项说明如下。

① 线性渐变■：颜色以直线方式从起点(按下鼠标左键处)到终点(松开鼠标左键处)做线性渐变，效果见图 2-18。

② 径向渐变■：颜色从起点到终点做圆形图案渐变，效果见图 2-19。

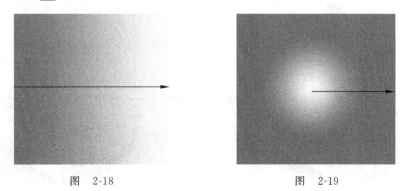

图 2-18   图 2-19

19

③ 角度渐变■：颜色从起点到终点做逆时针环绕渐变,效果见图 2-20。

④ 对称渐变■：颜色在起点的两侧做对称渐变,效果见图 2-21。

图　2-20

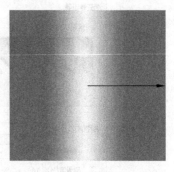

图　2-21

⑤ 菱形渐变■：颜色以菱形方式从起点向外渐变,终点是菱形的一个角的位置,效果见图 2-22。

⑥【反向】：选中该选项可反转渐变填充中颜色的顺序。

⑦【仿色】：选中该选项可用较小的带宽创建较平滑的混合。

⑧【透明区域】：选中该选项可对渐变填充使用透明蒙版。

图　2-22

(3) 三面五调

表现物体立体感的重要手段是对"三面"和"五调"的刻画。

① 三面：物体在受光的照射后,呈现出不同的明暗,受光的一面叫亮面,侧受光的一面叫灰面,背光的一面叫暗面,如图 2-23 所示。

② 五调：在三大面中,根据受光的强弱不同,还有很多明显的区别,形成了五大调子。除了亮面的亮调、灰面的灰调和暗面的暗调之外,暗面由于环境的影响又出现了"反光"。另外,在灰面与暗面交界的地方,它既不受光源的照射,又不受反光的影响,称为"明暗交界",这就是我们常说的"五大调子",如图 2-24 所示。

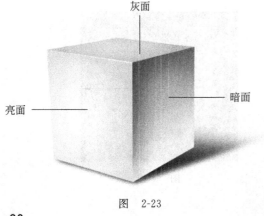

灰面

暗面

亮面

图　2-23

阴暗交界

高光

暗部

反光

投影

图　2-24

20

2.1.4 自主练习

练习一：绘制一组彩球，如图 2-25 所示。

步骤提示：例如红色球可设置为浅红、红、深红、白的径向渐变，如图 2-26 所示。

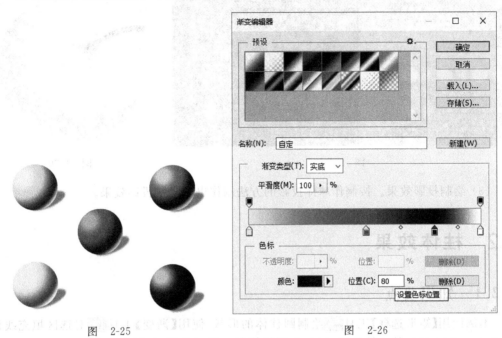

图 2-25 　　　　　　　　　　　　　图 2-26

练习二：制作苹果，如图 2-27 所示。

简要制作步骤如下：

(1) 绘制渐变的苹果。与立体小球的制作方法相似，渐变填充色设置为 6 种颜色的渐变，从左至右色标值分别为：色标 1(R：80；G：80；B：80，位置为 0)，色标 2(R：165；G：196；B：72，位置为 11%)，色标 3(R：246；G：255；B：146，位置为 37%)，色标 4(R：165；G：196；B：72，位置为 63%)，色标 5(R：115；G：148；B：50，位置为 80%)，色标 6(R：169；G：234；B：100，位置为 100%)。填充可得如图 2-28 所示的效果。

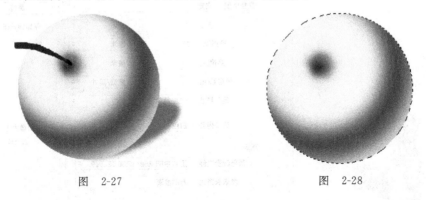

图 2-27 　　　　　　　　　　　　　图 2-28

　　(2) 绘制苹果的柄。选择工具箱中的【画笔】工具 ✐ (快捷键为 B),并在窗口菜单栏下面其对应的工具属性栏中设置其属性,见图 2-29,画笔的主直径是 19 像素,硬度为 100%,在苹果上面绘制苹果的柄,效果见图 2-30。

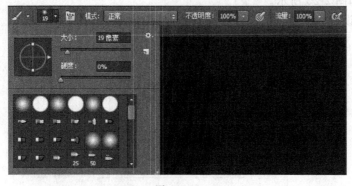

图　2-29　　　　　　　　　　　　　　　　　　　图　2-30

　　(3) 绘制投影效果。按制作球体投影的方法制作出苹果的投影效果。

2.2　柱体效果

2.2.1　知识要点

　　本例使用【矩形选框】工具 ⬚ 绘制圆柱体的形状,使用【渐变】工具 ▭ 对选区填充线性渐变颜色,实现圆柱的立体效果,最后为圆柱体制作投影效果,如图 2-31 所示。

2.2.2　实现步骤

　　(1) 新建文件。选择【文件】→【新建】命令(快捷键为 Ctrl+N),文件的宽度、高度、分辨率和颜色模式等参数的设置如图 2-32 所示。

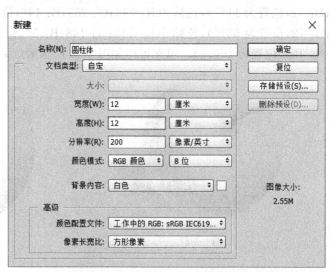

图　2-31　　　　　　　　　　　　　　　　　　　图　2-32

（2）在新图层绘制一个矩形选区。单击【图层】面板中的【创建新图层】 按钮（快捷键为 Shift＋Ctrl＋N），新建一个"图层 1"。选择工具箱中的【矩形选框】工具 ，在图像上绘制出一个矩形的选区，见图 2-33。

（3）设置填充渐变颜色。选择工具箱中的【渐变】工具 ，在窗口菜单栏下面其对应的工具属性栏中单击【编辑渐变】按钮 ，在弹出的【渐变编辑器】对话框中编辑渐变效果。从左至右的色标值分别为：色标 1（R：230；G：228；B：228，位置 0），色标 2（R：152；G：151；B：151，位置 25％），色标 3（R：255；G：255；B：255，位置 72％），色标 4（R：172；G：172；B：172，位置 100％），见图 2-34。

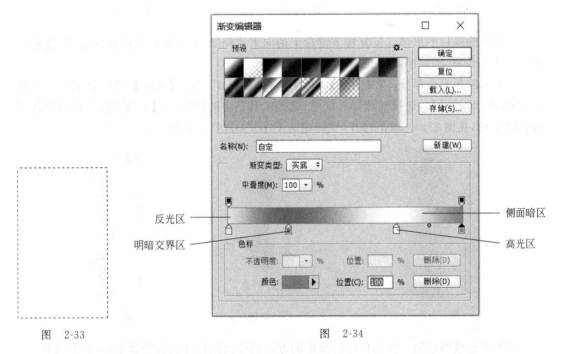

图　2-33　　　　　　　　　　　　　　　　　图　2-34

（4）填充选区得到圆柱体。在【渐变】工具 工具属性栏中选择【线性渐变】 模式，将【反向】、【仿色】复选框选中，见图 2-35，按下 Shift 键，自左至右拖动鼠标，创建一个水平的渐变，效果见图 2-36。

图　2-35

（5）在新图层绘制圆柱的顶面。

① 新建"图层 2"（快捷键为 Shift＋Ctrl＋N），选择工具箱中的【椭圆选框】工具 ，在柱体的上方绘制一个椭圆选区。利用【选择】→【变换选区】命令（快捷键为 Alt＋S＋T）变换选区的大小和位置，使椭圆选区的长轴与圆柱体上边线重合，如图 2-37 所示，在变换区域内双击，确认变换操作。

② 选择工具箱中的【渐变】工具 ，设置浅灰色（R：148；G：148；B：148）到白色的渐变，在椭圆选区内自左至右拖动鼠标填充选区，效果见图 2-38，保留选区。

23

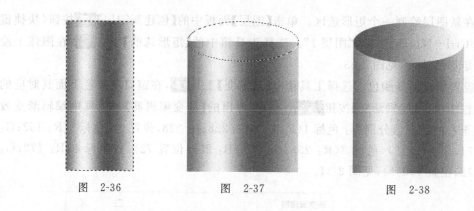

图 2-36   图 2-37   图 2-38

（6）修饰圆柱的底部。反复按下键盘上的向下方向键，移动选区到圆柱的底部，使选区的下半边与圆柱下边线相切，见图 2-39。

（7）删除掉多余部分。在【图层】面板中选择"图层 1"，选择【选择】→【反选】命令（快捷键为 Ctrl＋Shift＋I），选择椭圆以外区域，选择工具箱中的【橡皮擦】工具 ，擦掉圆柱体下面的两个角，见图 2-40。取消选择（快捷键为 Ctrl＋D），效果见图 2-41。

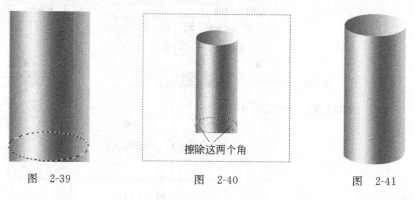

擦除这两个角

图 2-39   图 2-40   图 2-41

（8）添加投影效果。按制作球体投影的方法制作出圆柱体的投影效果，并保存文件。

2.2.3　知识解析

1. 选框工具

Photoshop 提供四种选框工具，包括【矩形选框】工具 、【椭圆选框】工具 、【单行选框】工具 、【单列选框】工具 。

- 矩形选框 ：建立一个矩形选区（配合使用 Shift 键可建立正方形选区）。
- 椭圆选框 ：建立一个椭圆形选区（配合使用 Shift 键可建立圆形选区）。
- 单行选框 、单列选框 ：将边框定义为宽度为 1 像素的行或列。

选框工具属性栏介绍如下。

（1）羽化：在工具属性栏可以设置羽化数值，设置后绘制的所有选框都是带着羽化效果的，如图 2-42 所示是设置羽化后选取复制粘贴的图像效果。如果需要去掉选框工具的羽化功能，则将羽化数值修改为 0 像素。

图 2-42

（2）样式。
- 【正常】：通过拖动鼠标确定选框比例。
- 【固定长宽比】：设置高宽比。输入长宽比的值。例如，若要绘制一个宽是高两倍的选框，则输入宽度为 2 和高度为 1，见图 2-43。

图 2-43

- 【固定大小】：通过输入数值，确定选框的高度和宽度，见图 2-44。

图 2-44

2. 建立选区
- 使用【矩形选框】工具或【椭圆选框】工具，在画布上按下左键拖拽鼠标，形成选区。
- 按住 Shift 键同时拖拽鼠标，可将选框限制为正方形或圆形。
- 按住 Alt 键同时拖拽鼠标，则可以从中心开始向外建立选框。
- 选择【固定大小】后，在画布中单击，形成选区。

2.2.4 自主练习

要求：制作红绿灯，见图 2-45。

简要制作步骤如下：

（1）绘制灯杆。新建"图层 1"（快捷键为 Shift+Ctrl+N），绘制灯杆，填充方式与圆柱做法相似。

（2）连接柱。新建"图层 2"，绘制连接灯杆和灯箱的两个连接柱。

（3）绘制外框矩形。新建"图层 3"，绘制灯箱：先绘制矩形选区，利用【渐变】工具自左至右为选区填充深灰色到浅灰色的线性

图 2-45

渐变。

（4）绘制内框矩形。选择【选择】→【修改】→【收缩】命令，将选区收缩 70 像素，将收缩后的选区自左至右填充浅灰色到深灰色的线性渐变。

（5）新建"图层 4"，绘制红灯、黄灯、绿灯。

2.3 锥体效果

2.3.1 知识要点

本例首先利用 2.2 节中绘制圆柱体的方法绘制一个圆柱，然后利用【自由变换工具】制作圆锥体，最后为圆锥体制作投影效果，见图 2-46。

2.3.2 实现步骤

（1）新建文件。宽度、高度均为 12 厘米，背景内容为"白色"，分辨率为 200 像素/英寸。

（2）创建参考线。首先选择【编辑】→【首选项】→【单位与标尺】命令，设置单位为厘米，单击【确定】按钮。选择【视图】→【新建参考线】命令（快捷键为 Alt＋V＋E），打开【新建参考线】对话框，见图 2-47，在【位置】文本框中输入 6 厘米，【取向】为水平，单击【确定】按钮，便可在文档中创建一条水平的参考线。按照同样的方法建立取向为垂直、位置 6 厘米的参考线，效果见图 2-48。

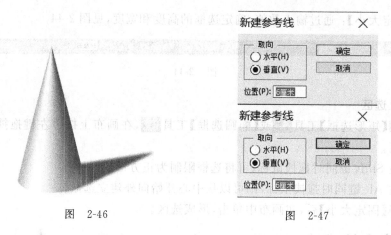

图 2-46   图 2-47

（3）制作渐变矩形。

① 创建矩形选区。新建"图层 1"（快捷键为 Shift＋Ctrl＋N），选择工具箱中的【矩形选框】工具 ，首先将鼠标指针与两条参考线交点重合，然后按住 Alt 键不放，以交点为对称中心创建矩形选区，见图 2-49。

② 填充渐变。选择【线性渐变】按钮，设置浅灰色到白色到深灰色的渐变，自左至右色标值分别为：色标 1（R：212；G：208；B：208，位置为 0）、色标 2（R：255；G：255；B：255，位置为 30%）、色标 3（R：145；G：144；B：144，位置为 100%），按下 Shift 键，拖拽鼠标绘制线性渐变，鼠标拖拽方向和效果如图 2-50 所示，再取消选择（快捷键为 Ctrl＋D）。

图　2-48

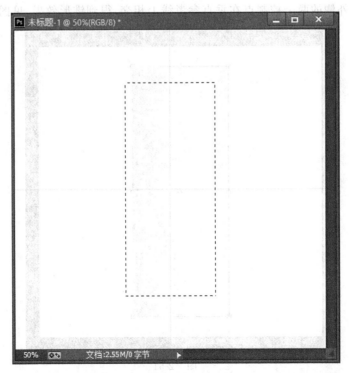

图　2-49

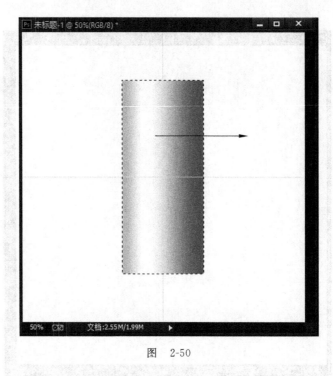

图　2-50

（4）将矩形变成圆锥形。选择【编辑】→【变换】→【透视】命令,矩形四周会出现 8 个控制点,见图 2-51,向中间拖拽上端外侧的一个控制点,相对应的另一个控制点也会向中间移动,最终使上端外侧的两个控制点在垂直参考线上相交,得到锥形效果,见图 2-52。

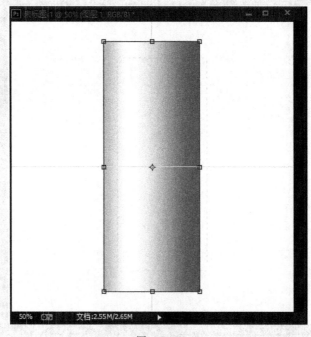

图　2-51

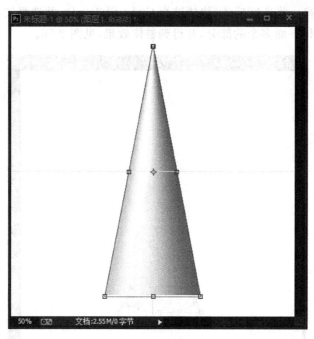

图　2-52

（5）修饰圆锥底部。选择【椭圆选框】工具 ，按步骤（3）中的"①创建矩形选区"的方法，以垂直参考线为圆心创建一个椭圆形选区，如图 2-53 所示。选择【选择】→【变换选区】命令，再选择【编辑】→【变换】→【透视】命令，将选区透视变换成如图 2-54 所示的效果，并按 Enter 键确认。再次选择【选择】→【变换选区】命令，调整选区大小和位置，如图 2-55 所示，

图　2-53

按 Enter 键确认变换。将选区反选（快捷键为 Ctrl＋Shift＋I），并选择工具箱中的【橡皮擦】工具 ，擦掉圆锥体下面多余的部分，并得到锥体效果，见图 2-56。

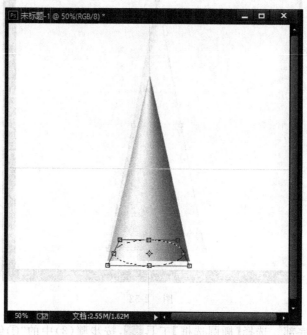

图　2-54

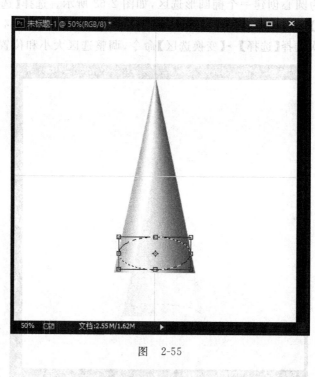

图　2-55

（6）制作投影。

① 新建图层。新建"图层 2"（快捷键为 Shift＋Ctrl＋N），在【图层】面板中将"图层 2"拖

图　2-56

至"图层 1"下方。

　　② 绘制矩形选框并进行变换。使用工具箱中的【矩形选框】工具 在画布上绘制一个矩形选区。将鼠标移动到选区内,右击,选择【变换选区】命令,按下 Ctrl 键的同时,使用鼠标拖拽矩形选框四周的控制柄,将矩形选区变换为如图 2-57 所示的形状。再在变换区域内双击,确认变换操作。

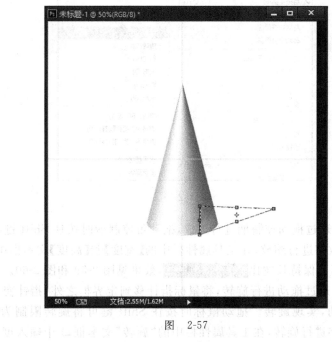

图　2-57

提示：按下 Esc 键可以取消【变换选区】操作。

③ 按 Shift＋F6 快捷键打开【羽化选区】对话框，设置羽化半径 5 像素，在工具箱中将前景色设置为深灰色(R：153；G：149；B：149)，使用工具箱的【油漆桶】工具 ![油漆桶] 为选区填充前景色(快捷键为 Alt＋Delete)，效果见图 2-46，再取消选择(快捷键为 Ctrl＋D)。

(7) 隐藏/显示参考线。按下 Ctrl＋H 快捷键隐藏参考线，再次按下 Ctrl＋H 快捷键显示参考线，完成制作后保存文件。

2.3.3　知识解析

1) 变换选区和自由变换

(1) 自由变换可以把图层中的内容根据需要变换成各种形状。使用【编辑】→【自由变换】命令或者按下 Ctrl＋T 快捷键，可以进入自由变换状态。

(2) 变换选区只是把所选择的区域(虚线框)变大或变小，而不改变图层内的内容。使用【选择】→【变换选区】命令，可以进入变换选区状态。或者在当前使用的工具为【矩形选框】工具 ![矩形选框] 或者【椭圆选框】工具 ![椭圆选框] 时，右击并选择【变换选区】命令，也可以进入变换选区状态。

变换选区和自由变换在变换方法上是相似的，只是变换的内容不同，下面主要介绍一下自由变换。

2) 自由变换

自由变换是指通过自由缩放、旋转、斜切、扭曲、透视和变形等工具来变换对象。可以通过【编辑】→【变换】命令进行操作，见图 2-58，也可按下 Ctrl＋T 快捷键后进行相关变形操作。

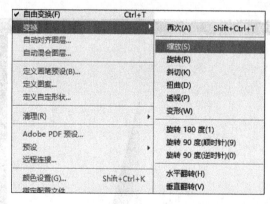

图　2-58

(1) 缩放：可以通过拖动控制柄进行缩放，拖动角控制柄时按住 Shift 键可实现按比例缩放。也可以根据数字进行缩放，在工具属性栏中的【宽度】和【高度】文本框中输入百分比。单击"链接"图标 ![链接] 可以保持长宽比 ![W: 100.00% H: 100.00%]，效果见图 2-59 和图 2-60。

(2) 旋转：可以通过拖动进行旋转，将鼠标指针移到定界框之外(指针变为弯曲的双向箭头)，按下鼠标拖动，实现旋转。拖动鼠标时按住 Shift 键可将旋转限制为按 15°增量进行。也可以根据数字进行旋转，在工具属性栏中的"旋转"文本框 ![旋转] 中输入度数 ![△ 30 度]，效果见图 2-61。

图　2-59

图　2-60

（3）斜切：按住 Shift＋Ctrl 快捷键并拖动边控制柄。当定位到边控制柄上时,鼠标指针变为带一个小双向箭头的白色箭头,拖动控制柄可以实现斜切操作。如果要根据数字实现斜切,在工具属性栏中的 H（水平斜切）和 V（垂直斜切）文本框中输入角度

,效果见图 2-62。

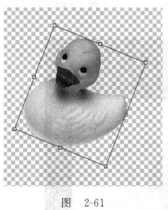
图　2-61

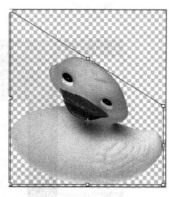
图　2-62

（4）扭曲：扭曲主要分为自由扭曲和相对中心点扭曲。按住 Ctrl 键并拖动控制柄,可以实现自由扭曲；按住 Alt＋Ctrl 快捷键并拖动控制柄,可以实现相对于外框的中心点扭曲,效果见图 2-63 和图 2-64。

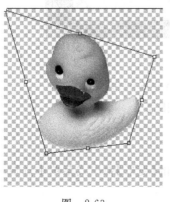
图　2-63

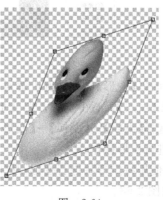
图　2-64

33

（5）透视：按住 Alt＋Ctrl＋Shift 快捷键，当鼠标光标放置在角控制柄上方时，指针变为白色箭头，拖动角控制柄可以实现透视，效果见图 2-65。

（6）变形：可以采用拖动控制点来变换图像的形状或路径等，见图 2-66。也可以使用工具属性栏中的【变形样式】弹出式菜单中的形状进行变形，如图 2-67 所示。当使用控制点来扭曲项目时，选取【视图】→【显示额外的内容】可显示或隐藏变形网格和控制点。

图　2-65

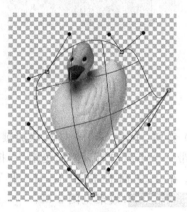
图　2-66

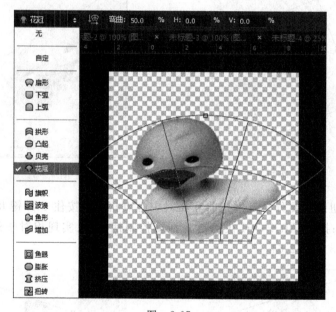
图　2-67

3）下面以【变形】命令为例讲解对图像进行自由变换的步骤

（1）在【图层】面板中选择需要变形的图像所在图层。

（2）选择【编辑】→【变换】→【变形】命令。

（3）进行变形操作。

① 要使用特定形状进行变形，从工具属性栏中的【变形】弹出式菜单中选取一种变形样式，效果见图 2-68。

② 使用鼠标拖拽控制柄进行变形操作，见图 2-69。

图 2-68

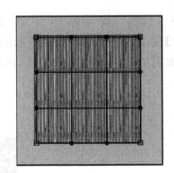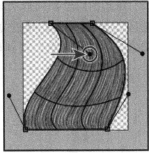

图 2-69

（4）确认或取消变形。

① 确认变形：方法 1 是在键盘上按 Enter 键；方法 2 是在变换区域内双击；方法 3 是选择工具箱中的任何一个工具，在弹出的对话框中单击【应用】按钮，见图 2-70。

图 2-70

② 取消变形：方法 1 是按 Esc 键；方法 2 是选择工具箱中的任何一个工具，在弹出的对话框中单击【不应用】按钮。

2.3.4 自主练习

练习一：制作美丽花纹，如图 2-71 所示。

图 2-71

35

简要制作步骤如下：

（1）新建文件。

（2）使用黑色填充背景图层。

（3）在新图层绘制圆形选区并描边。按 Shift＋Ctrl＋N 快捷键新建"图层 1"，绘制一个圆形选区。选择【编辑】→【描边】命令，打开如图 2-72 所示的【描边】对话框，设置描边宽度为 1 像素，颜色为"白色"，得到如图 2-73 所示的圆形边框，再取消选择（快捷键为 Ctrl＋D）。

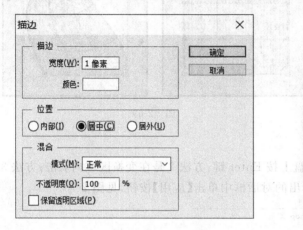

图　2-72　　　　　　　　　　　　　　　　　图　2-73

（4）将圆形复制变换。按下 Ctrl＋Alt＋T 快捷键，对圆形进行复制变换，在如图 2-74 所示工具属性栏中进行设置：【参考点位置】为右上角，选择【保持长宽比】，长宽设置为原来的 110％，按 Enter 键确认变换。

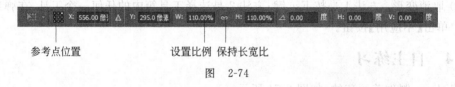

参考点位置　　　　　　　　　　　设置比例 保持长宽比

图　2-74

（5）画出 6 个渐次增大的圆。按 6 次 Alt＋Shift＋Ctrl＋T 快捷键，得到 6 个渐次增大的圆，如图 2-75 所示。在【图层】面板中选中"图层 1"，选择【选择】→【所有图层】命令，将除背景图层外的所有图层全部选中，再选择【图层】→【合并图层】命令（快捷键为 Ctrl＋E），将选中的图层合并。

（6）复制变换得到的合并图形。选中合并得到的图层，按下 Alt＋Ctrl＋T 快捷键，在工具属性栏中将【参考点位置】设置为右上角，旋转角度为 20°，如图 2-76 所示，按 Enter 键确认变换。然后按 15 次 Alt＋Shift＋Ctrl＋T 快捷键，共得到 16 个旋转的圆环，如图 2-77 所示。仿照第（5）步，再次将得到的图层（除背景图层外）合并成一个图层。

图　2-75

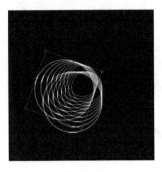

图　2-76　　　　　　　　　　　　　　　图　2-77

（7）为图形填充渐变色。按住 Ctrl 键在【图层】面板中单击合并得到的图层缩略图，将其载入选区，如图 2-78 所示，使用【渐变】工具，在【渐变编辑器】中选择渐变【预设】中的"色谱"，为选区填充线性渐变颜色，效果见图 2-71。

练习二：制作螺旋效果，见图 2-79。

简要制作步骤如下：

（1）绘制出如图 2-80 所示的图形。

图　2-78　　　　　　　　　　图　2-79　　　　　　　　　图　2-80

（2）按下 Alt＋Ctrl＋T 快捷键，对图形进行复制变换，变换的参数设置见图 2-81。

X: 437.00 像素　Y: 619.0 像素　W: 90%　H: 90%　△ 10.00 度　H: 0.00 度　V: 0.00 度

图　2-81

（3）重复按下 Alt＋Shift＋Ctrl＋T 快捷键，效果见图 2-79。

2.4　立方体效果

2.4.1　知识要点

利用【多边形套索】工具绘制立方体的三个面，利用【减淡】和【加深】工具增强立方体的真实感，利用【矩形选框】工具制作投影效果，见图 2-82。

图　2-82

2.4.2　实现步骤

（1）新建文件。宽度、高度均为 12cm，背景内容为"白色"，分辨率为 200 像素/英寸。

（2）在新图层绘制立方体的结构线。按下 Shift＋Ctrl＋N 快捷键新建图层，名称为"结构线"；在工具箱中设置前景色为红色，选择【直线】工具 ✐ （快捷键 U），在工具属性栏中选择【工具模式】为像素，如图 2-83 所示。用【直线】工具根据"透视"构图原理绘制立方体的结构线，如图 2-84 所示。

图　2-83

（3）在新图层上绘制立方体的左侧面。

① 绘制矩形选区。按下 Shift＋Ctrl＋N 快捷键新建图层，名称为"左侧"，在工具箱中选择【多边形套索】工具 ✐，在结构线交点 A 处按下鼠标，移动到 B 点再次单击，依次移动到 C、D 点，直至返回 A 点，当指针呈现 ✐ 时单击形成闭合选区，见图 2-85。

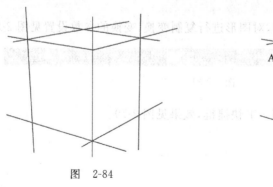

图　2-84

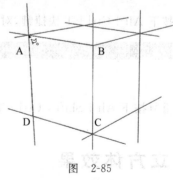

图　2-85

② 填充选区。在工具箱中将前景色设置为浅灰色（R：230；G：230；B：230），利用【油漆桶】工具 ✐ 为选区填充颜色，见图 2-86。

（4）在新图层中绘制立方体的右侧面。按照步骤（3）的方法新建图层"右侧"，利用【多边形套索】工具 ✐ 绘制右侧面的矩形选区，并为其填充灰色（R：160；G：160；B：160）到白色的线性渐变，填充方向为从左上角到右下角，效果见图 2-87。

38

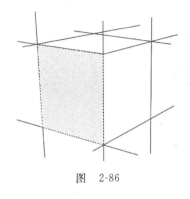 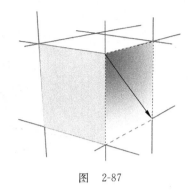

图　2-86　　　　　　　　　　　　图　2-87

（5）在新图层绘制立方体的顶部面。依照步骤（3）的方法，新建图层"顶层"，利用【多边形套索】工具 ![icon] 绘制顶部面的选区，并填充浅灰色（R：213；G：213；B：213），取消选择，见图 2-88。

（6）减淡两个面。在【图层】面板中单击"结构图"图层前的【指示图层可见性】按钮 ![icon]，将其隐藏。为了让立方体更真实一些，选择工具箱中的【减淡】工具 ![icon]（快捷键为O），并在如图 2-89 所示的工具属性栏中设置其属性，分别在【图层】面板中选择"顶层"和"左侧"图层，在如图 2-90 所示位置涂抹，不要过于均匀，注意刻画"三面五调"的效果。

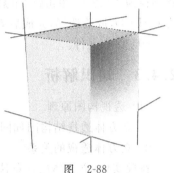

图　2-88

（7）加深右侧面图形边缘。选择【加深】工具 ![icon]（快捷键为 O），在工具属性栏中设置曝光度为 30，笔尖的大小为160，涂抹右侧面的边缘部分，见图 2-91。

图　2-89

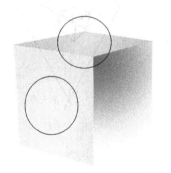 

图　2-90　　　　　　　　　　　　图　2-91

（8）绘制投影。

① 在新图层绘制投影形状。新建图层，名称为"投影"，绘制一个矩形选框，在选区内右击，选择【变换选区】命令，按住 Ctrl 键拖动控制柄，将选区变形成为如图 2-92 所示的形状，按 Enter 键确认变换。

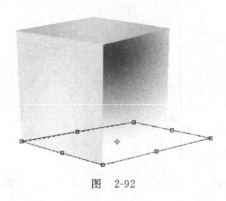

图　2-92

② 羽化并填充投影。选择【选择】→【修改】→【羽化】命令,打开【羽化】对话框,设置羽化半径为 10 像素,单击【确定】按钮,并为其填充为深灰色(R:213;G:213;B:213),快捷键为 Ctrl+D,取消选择,完成后效果见图 2-82。

(9) 保存文件。

2.4.3　知识解析

(1) 透视构图原理。

① 立方体透视结构图如图 2-93 所示。

② 立方体透视的关系。

在现实中,立方体的八条棱都相等,但是在绘画中需要通过透视关系体现立体效果。首先找好一个角度观察立方体,确定视平线。因为近大远小的关系,所以离视线最近的一条竖棱最长,其他的竖棱长度不能超过它。立方体有三个消失点,所以在画的时候上下对应的两个棱不是平行的,而是离视线远的两端往里收,如图 2-94 所示。

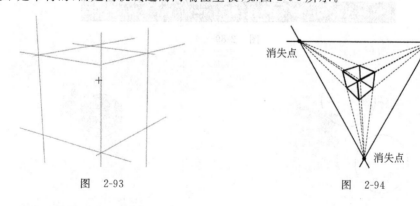

图　2-93　　　　　　　　　　　　图　2-94

(2)【减淡】或【加深】区域。

【减淡】工具 ![dodge] 和【加深】工具 ![burn] 来源于调节照片特定区域的曝光度的传统摄影技术,可用于使图像区域变亮或变暗。摄影师通过遮挡光线使照片中的某个区域变暗(加深),或增加曝光度使照片中的某些区域变亮(减淡)。用【减淡】工具或【加深】工具在某个区域上方绘制的次数越多,该区域就会变得越亮或越暗。具体使用方法如下:

① 选择【减淡】工具 ![dodge] 或【加深】工具 ![burn]。

② 在工具属性栏中选取画笔笔尖形状和大小,并设置画笔选项,其中【范围】选项里面

的"中间调"用于更改灰色的中间范围,"阴影"用于更改暗区,"高光"用于更改亮区;【曝光度】主要是指加深、减淡的压力。

③ 在要变亮或变暗的图像部分反复按下鼠标拖动。

(3)【海绵】工具 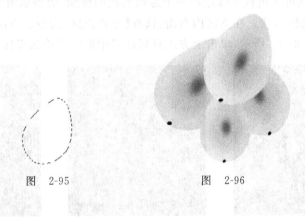 用于改变局部的色彩饱和度,海绵工具有两种模式【加色】和【去色】,可选择减少饱和度(去色)或增加饱和度(加色)。

2.4.4　自主练习

要求:绘制鲜美的葡萄。

简要制作步骤如下:

(1) 绘制椭圆选区,变形出葡萄的形状,见图 2-95。

(2) 新建图层(快捷键为 Shift＋Ctrl＋N),为选区填充浅绿色(R:198;G:222;B:108),用【减淡】工具 将葡萄的边缘擦出淡淡的透光效果,用【加深】工具 涂抹出葡萄籽的效果。选择工具箱中的【铅笔】工具 ,将前景色设置为黑色,画出葡萄下的小黑点。

(3) 利用复制变换制作出其他的葡萄粒,并调整它们的位置和大小,见图 2-96。

图　2-95　　　　　　　　　图　2-96

2.5　梦幻桌面壁纸

2.5.1　知识要点

主要学习选区的建立、交叉,选区透明渐变填充,重复复制变换等操作,制作如图 2-97 所示桌面壁纸。

2.5.2　实现步骤

(1) 新建文件。设置宽度为 1020 像素,高度为 800 像素,背景内容为"白色",分辨率为 72 像素/英寸,颜色模式为 RGB。

(2) 填充背景图层。在工具箱中设置前景色为蓝色(R:44;G:103;B:147),按下 Alt＋Delete 快捷键,使用前景色填充背景图层。

(3) 新建图层。在【图层】面板中单击"新建图层"按钮 (快捷键为 Shift＋Ctrl＋N),新建"图层 1"。

图　2-97

(4) 绘制花瓣选区。选择工具箱中的【椭圆选框】工具 ○ (快捷键为 M), 在画布上拖拽鼠标绘制椭圆, 如图 2-98 所示。按住 Shift + Alt 快捷键或者在上方工具属性栏中选择"与选区交叉" ▣ , 在右侧再次拖拽鼠标绘制一个近似形状的椭圆, 效果如图 2-99 所示。

(5) 变换花瓣选区形状。在选区内右击, 选择【变换选区】命令。再次右击, 选择【变形】命令, 变形效果如图 2-100 所示, 单击上方工具属性栏中的"√"确认操作。

图　2-98　　　　　　　　　图　2-99　　　　　　　　　图　2-100

(6) 设置渐变填充色。首先在工具箱中设置前景色和背景色都为白色, 选择工具箱中的【渐变】工具 ▣ (快捷键为 G), 设置【渐变】工具属性栏参数。选择【线性渐变】▣ , 选中【反向】复选框, 如图 2-101 所示。单击属性工具属性栏中的【编辑渐变】按钮, 在弹出的【渐变编辑器】对话框中选择"前景色到透明渐变", 如图 2-102 所示。

图　2-101

(7) 渐变填充花瓣。在选区内按照图 2-103 所示方向分别进行多次拖拽填充, 直到达到满意效果。最终填充效果如图 2-104 所示。

(8) 复制变换花瓣。首先按下 Ctrl + T 快捷键, 将花瓣适当变小, 在选区内双击确认操作。然后按下 Alt + Ctrl + T 快捷键, 移动【参考点】, 位置如图 2-105 所示。在上方工具属性栏中设置旋转角度 30°, 对花瓣进行复制变换, 在选区内双击确认操作。

图 2-102

图 2-103

图 2-104

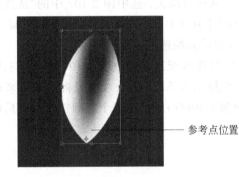

参考点位置

图 2-105

（9）重复制作多个花瓣。按 11 次 Alt＋Shift＋Ctrl＋T,效果如图 2-106 所示。在【图层】面板中选中"图层 1 拷贝 11",按住 Shift 键并单击"图层 1",将"图层 1"至"图层 1 拷贝 11"同时选中,再选择【图层】→【合并图层】命令(快捷键为 Ctrl＋E),将选中的图层合并。

（10）修改图层名称为花朵。在【图层】面板中双击合并后的花瓣层"图层 1 拷贝 11"名称,输入"花朵"。

（11）制作桌面壁纸效果图。按下 Ctrl＋J 快捷键复制花朵图层,并在【图层】面板中设置下层的"花朵"层的不透明度为 30,设置上层"花朵 拷贝"层的不透明度为 80,使用【变换】(快捷键为 Ctrl＋T)工具调整两个图层花朵的大小,并摆放在合适位置,完成后效果见图 2-97。

图 2-106

（12）将文件分别保存为 psd 和 jpg 格式。

2.5.3 知识解析

壁纸是计算机桌面所使用的背景图片,可以根据大小和分辨率来做相应调整。

1）桌面壁纸尺寸

标准屏桌面壁纸主要适用于宽纵比为 5∶4 和 4∶3 的显示器,主要有 1024×768、

1280×960、1280×1024、1600×1200、1920×1440 等尺寸。

宽屏桌面壁纸主要适用于宽纵比为 16：9 和 16：10 的显示器，主要有 1280×800、1366×768、1440×900、1680×1050、1920×1200、2560×1600 等。

2）调整选区

（1）先使用工具箱中的选框工具建立一个选区。

（2）在工具属性栏中指定图 2-107 的某个选项（有注释的四个选项之一）。

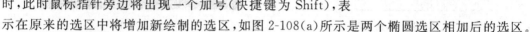

图　2-107

① 新选区：建立一个新的选区，画布上原有的选区被取消。

② 添加到选区：选中图 2-107 中的"添加到选区"选项时，此时鼠标指针旁边将出现一个加号（快捷键为 Shift），表示在原来的选区中将增加新绘制的选区，如图 2-108(a) 所示是两个椭圆选区相加后的选区。

③ 从选区减去：选中图 2-107 中的"从选区减去"选项时，鼠标指针旁边将出现一个减号（快捷键为 Alt），表示将从原来的选区中减去新绘制的选区，如图 2-108(b) 所示是两个椭圆选区相减后的选区。

④ 与选区交叉：选中图 2-107 中的"与选区交叉"选项时，鼠标指针旁边将出现一个"×"（快捷键为 Alt＋Shift），表明将选取原来选区和新绘制选区相交的部分作为最后的选区，如图 2-108(c) 所示是两个椭圆选区相交后的选区。

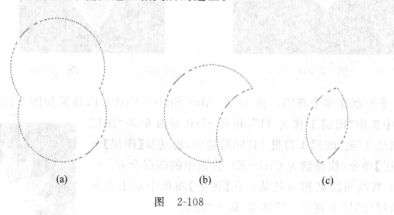

(a)　　　　　　　　　(b)　　　　　　　　　(c)

图　2-108

2.5.4　自主练习

要求：综合利用本章所学的知识，制作出如图 2-109 所示的灯笼。

简要制作步骤如下：

（1）新建文件。宽度、高度均为 12cm，背景内容为透明，分辨率为 200 像素/英寸。

（2）在新图层绘制灯笼体。

① 新建图层（快捷键为 Shift＋Ctrl＋N），绘制椭圆选框。

② 减去椭圆的部分选区。按下 Alt 键，用【矩形选框】工具 ▭ 在椭圆选区的上端和下端拖动鼠标，减去椭圆的部分选区，效果如图 2-110 所示。

③ 填充渐变色。利用【渐变】工具 ▭ 为选区填充由黄色（R：255；G：255；B：0）到橘黄

色(R：253；G：140；B：0)的径向渐变,方向见图 2-111,按快捷键 Ctrl＋D 取消选择,效果见图 2-112。

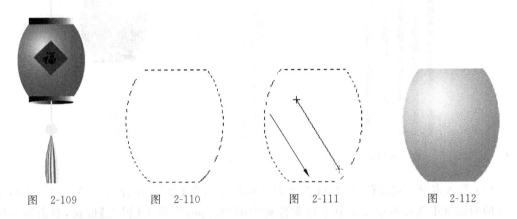

图　2-109　　　　图　2-110　　　　图　2-111　　　　图　2-112

（3）在新图层上绘制灯笼边。新建图层(快捷键为 Shift＋Ctrl＋N),利用【矩形选框】工具 [] 在灯笼体的上端绘制一个长条矩形,并为其填充由黑到白的线性渐变,见图 2-113,按快捷键 Ctrl＋J 复制"图层 2",利用工具箱中的【移动】工具 [] (快捷键为 V)将新的笼边移动到笼体下方,见图 2-114。在下方笼边的下面绘制一小椭圆选区,填充由白到黑的线性渐变,按快捷键 Ctrl＋D 取消选择,效果如图 2-115 所示。

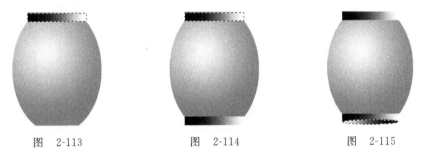

图　2-113　　　　　图　2-114　　　　　图　2-115

（4）在新图层绘制绒球。新建图层(快捷键为 Shift＋Ctrl＋N),利用【椭圆选框】工具 [] 绘制灯笼下面的绒球外形,填充黄色,取消选择。

（5）在新图层绘制灯穗。

① 新建图层(快捷键为 Shift＋Ctrl＋N)。

② 绘制色条。选择工具箱中的【直线】工具 [],设置工具模式为"像素",粗细为 10 像素,先设置前景色为黄色(R：255；G：255；B：0),绘制黄色直线。再设置前景色为橘黄色(R：253；G：140；B：0),绘制橘黄色的直线。绘制出如图 2-116 所示的效果。

③ 变形。按下快捷键 Ctrl＋T,再选择【编辑】→【变换】→【变形】命令,对绘制出的线条变形,得到如图 2-117 所示的形状,并调整绒球和灯穗的位置。

（6）绘制灯线。利用【直线】工具 [] 在灯笼的适当位置绘制黄色宽度为 5 像素的灯线,完成后效果见图 2-118。

色 RGB 为(273.C,110,B,0)的扩散网点变。为何此操作窗口口口，然后按住键 Ctrl＋D 取消选择，效果见图 2-115。

图　2-116　　　　　　图　2-117　　　　　　图　2-118

（7）置入素材。选择【文件】→【置入嵌入的智能对象】命令（快捷键为 Alt＋F＋L），在打开的对话框中选择本章 2.5 节素材文件夹中的"福.png"，单击【置入】按钮，双击置入图片上的叉号，确认置入操作。将"福"字放置在灯笼上，并调整到合适的大小和位置，见图 2-109。

（8）选择【文件】→【存储为】命令（快捷键为 Shift＋Ctrl＋S），将文件分别保存为 psd 格式和 jpg 格式。

第 3 章　数码照片的修饰与处理

3.1　裁切照片并保存为网页所用格式

要求：将照片制作为 2 寸照片，照片大小在 30KB 以内、格式为 jpg 的图像文件，见图 3-1。

图　3-1

3.1.1　知识要点

利用工具箱中的【裁剪】工具 ，裁切掉图像中不需要的部分，利用【存储为 Web 所用格式】命令保存图像。

3.1.2　实现步骤

（1）打开文件。选择【文件】→【打开】命令（快捷键为 Ctrl＋O），打开本章 3.1 节素材文件夹中的"裁切.jpg"。

（2）裁切图片。

① 选择工具并设置属性。选择工具箱中的【裁剪】工具 ，在工具属性栏中输入两寸照片的尺寸，宽度为 3.5 厘米，高度为 5.3 厘米，分辨率为 150 像素，见图 3-2。

| 廿 | 宽×高×分… | 3.5 厘米 | ⇄ | 5.3 厘米 | 150 | 像素/厘米 | 清除 | 拉直 | 基本功能 |

图　3-2

② 使用工具。在画布上拖动鼠标选择要保留范围，拖动选框周围四个控制柄，修改选框的大小；移动选框内的图像，使图像居中显示。如果对选框不满意，可以在裁剪框内右击，在弹出的快捷菜单中选择"取消"命令，即可取消当前的选择；在裁剪框内双击确认裁切操作，效果见图 3-3。

（3）保存为网页所用格式。

① 设置参数。选择【文件】→【存储为 Web 所用格式】命令，在打开的对话框右侧选择文件格式为 JPEG，品质为 80，并选中【优化】前面的对号，见图 3-4。

图 3-3

② 保存文件。单击【存储】按钮，在弹出的对话框中选择存储位置，并单击【存储】按钮，弹出警告对话框，见图 3-5，在对话框中单击【确定】按钮。

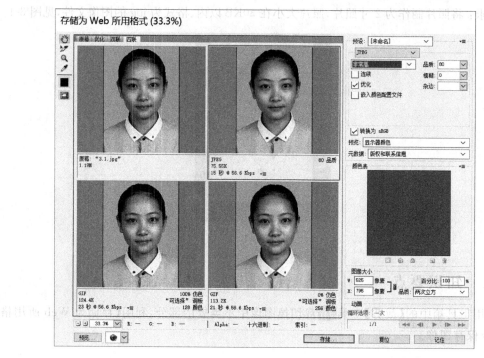

图 3-4

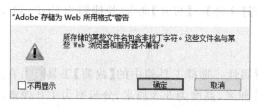

图 3-5

3.1.3　知识解析

（1）存储为 Web 所用格式的目的是输出使用在网页上的图片，它在维持图片质量的同时尽可能地缩小文件大小,这种方式存储的图片在网络上得以广泛应用,可以根据需要存储为 JPEG、PNG、GIF 等格式。

（2）在【存储为 Web 所用格式】对话框中,可以调整优化品质的数值为 0～100,并通过选项卡中的【优化】、【双联】和【四联】来查看优化结果,以及优化后的文件大小,见图 3-6。

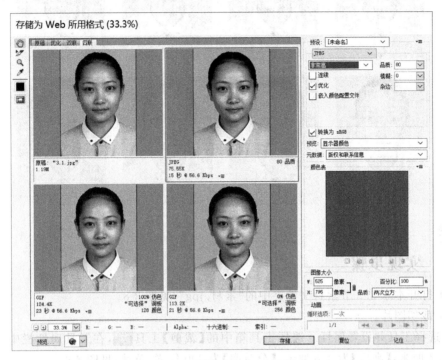

图 3-6

3.1.4 自主练习

要求:按照全国计算机等级考试网络报名上传照片,要求制作自己的证件照。

（1）照片应为考生本人近期正面免冠半身彩色证件照(浅蓝色背景)。

（2）成像区尺寸为 48 毫米×36 毫米(高×宽),要求上下方向:头部以上空 1/10,头颈部占 7/10,肩身部占 2/10;左右方向:肩身部左右各空 1/10。

（3）采集的图像尺寸最小为 192 像素×144 像素(高×宽),文件大小为 20～200KB,JPEG 格式。

3.2 制作一寸证件快照

3.2.1 知识要点

使用【裁剪】工具 ![裁剪工具图标] 将照片裁切成一寸证件照,将照片背景颜色修改为蓝色。利用【图像大小】命令为照片加边框,并将照片定义为图案。利用【填充】命令实现在一张 5 寸相纸上排列 8 张一寸证件照片,见图 3-7。

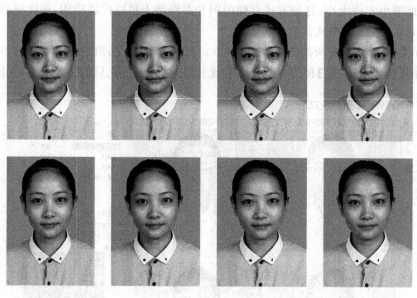

图 3-7

3.2.2 实现步骤

（1）打开本章 3.2 节素材文件夹中的"素材.jpg"，见图 3-8。

（2）裁切图片。

① 选择工具并设置属性。选择工具箱中的【裁剪】工具 ，在工具属性栏中设置【宽度】为 2.7 厘米，【高度】为 3.8 厘米，【分辨率】为 300 像素/英寸，见图 3-9。

图 3-8

图 3-9

② 使用工具。在画布上拖拽鼠标选择保留范围，拖拽选框周围四个控制柄来修改选框的大小；移动选框内的图像，使图像居中显示，见图 3-10。在裁剪框内双击确认裁切操作。

（3）更换背景。

① 选择工具并设置属性。选择工具箱中的【魔棒】工具 ，在工具属性栏中设置参数，见图 3-11。

② 选择灰色背景。使用鼠标单击灰色背景，按住 Shift 键，在遗漏的区域单击增加选区；按住 Alt 键，在多余的选区单击可以减少选区，效果见图 3-12。

③ 将灰色背景填充为蓝色。设置前景色为（R：0；G：190；B：240），使用前景色填充选

图　3-10

图　3-11

区(快捷键为 Alt＋Delete),取消选择(快捷键为 Ctrl＋D),效果见图 3-13。

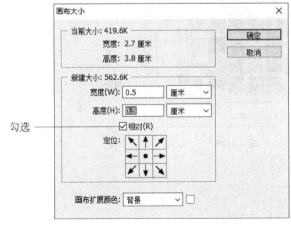

图　3-12　　　　　　　　　　　　图　3-13

提示:按住 Shift 键,单击可以增加选区范围;按住 Alt 键,单击可以减少选取范围。

(4) 加白色边框。使用【图像】→【画布大小】命令,打开【画布大小】对话框,在对话框中将画布宽度和高度各增加 0.5 厘米,参数设置见图 3-14,效果见图 3-15。

图　3-14　　　　　　　　　　　　图　3-15

（5）定义图案。使用【编辑】→【定义图案】命令，在【图案名称】对话框中输入名称为"一寸照片"，见图 3-16。

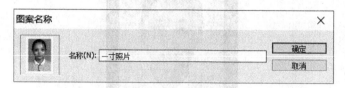

图 3-16

（6）新建文件。在【新建】对话框中设置参数，见图 3-17。

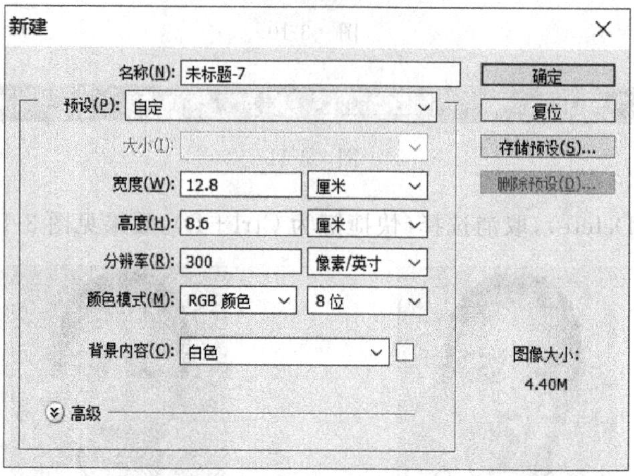

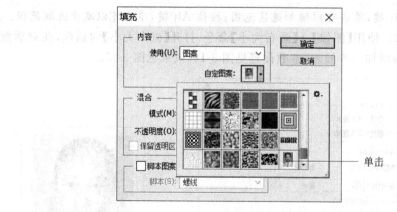

图 3-17

（7）图案填充。选择【编辑】→【填充】命令，在【填充】对话框中选择前面定义的一寸照片图案，见图 3-18，单击【确定】按钮，完成后效果见图 3-7。

图 3-18

3.2.3 知识解析

（1）常见照片的规格和尺寸见表 3-1。

表 3-1　常见照片的规格和尺寸

照 片 规 格	宽度×高度	宽度×高度	数码相机类型
1 英寸	2.5 厘米×3.5 厘米	296 像素×413 像素	
身份证大头照	2.2 厘米×3.3 厘米	260 像素×390 像素	
2 英寸	3.5 厘米×5.3 厘米	413 像素×626 像素	
小 2 英寸(护照)	2.5 厘米×3.5 厘米	296 像素×413 像素	
5 英寸	12.7 厘米×8.9 厘米	1500 像素×1051 像素	1200×840 以上 100 万像素
6 英寸	15.2 厘米×10.2 厘米	1795 像素×1205 像素	1440×960 以上 130 万像素
7 英寸	17.8 厘米×12.7 厘米	2102 像素×1500 像素	1680×1200 以上 200 万像素
8 英寸	20.3 厘米×15.2 厘米	2398 像素×1795 像素	1920×1440 以上 300 万像素
10 英寸	25.4 厘米×20.3 厘米	3000 像素×2398 像素	2400×1920 以上 400 万像素
12 英寸	30.5 厘米×20.3 厘米	3602 像素×2398 像素	2500×2000 以上 500 万像素
15 英寸	38.1 厘米×25.4 厘米	4500 像素×3000 像素	3000×2000 以上 600 万像素

(2) 关于证件照。

我国规定证件照标准及规格如下：相片须是直边正面免冠彩色本人单人半身证件照，光面相纸、背景颜色为白色或淡蓝色。人像要清晰，层次丰富，神态自然，部分证件照尺寸见表 3-2。

表 3-2　证件照尺寸

证件照类型	尺寸(宽度×高度)	证件照类型	尺寸(宽度×高度)
1 英寸	25 毫米×35 毫米	大 2 英寸	35 毫米×45 毫米
2 英寸	35 毫米×49 毫米	护照	33 毫米×48 毫米
3 英寸	35 毫米×52 毫米	毕业生照	33 毫米×48 毫米
港澳通行证	33 毫米×48 毫米	身份证	22 毫米×32 毫米
赴美签证	50 毫米×50 毫米	驾照	21 毫米×26 毫米
日本签证	45 毫米×45 毫米	车照	60 毫米×91 毫米

(3) 制作证件快照时一般是排版在 5 英寸相纸上，1 英寸证件照一版 8 张，见图 3-7，2 英寸证件照一版 4 张，见图 3-19。

图　3-19

3.2.4　自主练习

要求：使用填充图案制作条纹背景图，效果见图 3-20。

图　3-20

(1) 简要操作步骤

① 新建文件。宽度为 2 像素，高度为 4 像素，背景内容为"透明"。单击【确定】按钮后，使用工具箱中的【缩放】工具 🔍，放大新建的图像。

② 制作图案。使用【矩形选框】工具 ▢，在工具属性栏中设置参数（见图 3-21）。设置前景色为白色，在画布上单击，得到正方形选区，填充白色（快捷键为 Alt＋Delete），见图 3-22。

提示：根据背景图的大小和所需条纹的宽窄，可以自行设置矩形选框的宽度和高度。

图　3-21　　　　　　　　　　　　　　图　3-22

③ 定义图案。全选画布（快捷键为 Ctrl＋A），选择【编辑】→【定义图案】命令，在【图案名称】对话框中输入名称，见图 3-23，单击【确定】按钮。

图　3-23

④ 填充图案。打开需要处理的背景图片，设置前景色为白色。新建"图层 1"，在"图层 1"使用步骤③定义的图案填充，在【图层】面板中适当调整"图层 1"的不透明度，见图 3-24。

（2）能力提升 1

要求：自己制作竖条填充效果。定义图案见图 3-25，填充效果见图 3-26。

图　3-24　　　　　　　　　　　　　　图　3-25

图　3-26

（3）能力提升 2

要求：制作拼图效果。在素材文件夹中打开"拼图图案.psd"，见图 3-27，定义图案，填充效果见图 3-28。

提示：如果想要得到分割拼图的立体效果，需要在新图层填充图案后，在【图层】面板中双击该层缩略图，在打开的【图层样式】对话框中选择【斜面和浮雕】选项，并适当设置参数。

图　3-27　　　　　　　　　　　　　　图　3-28

3.3 令照片的色彩更加鲜艳

3.3.1 知识要点

利用【色阶】命令将图像调亮,利用【色彩平衡】与【亮度/对比度】命令丰富图像色彩,调整前后的对比效果见图 3-29。

图 3-29

3.3.2 实现步骤

(1) 打开本章 3.3 节素材文件夹中的"风景.jpg",见图 3-30。

(2) 调整色彩的明暗度。选择【图像】→【调整】→【色阶】命令(快捷键为 Ctrl+L),打开【色阶】对话框,在该对话框中调整【输入色阶】的输入值,见图 3-31,单击【确定】按钮。

图 3-30

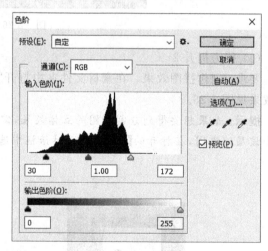

图 3-31

(3) 补偿照片的颜色。选择【图像】→【调整】→【色彩平衡】命令(快捷键为 Ctrl+B),在其对话框中首先选择【阴影】,调整参数见图 3-32;选择【中间调】,调整参数见图 3-33;选择【高光】,调整参数见图 3-34,单击【确定】按钮。

(4) 提高亮度和对比度。选择【图像】→【调整】→【亮度/对比度】命令,打开【亮度/对比

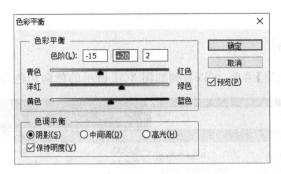

图 3-32

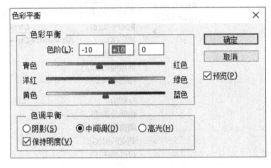

图 3-33

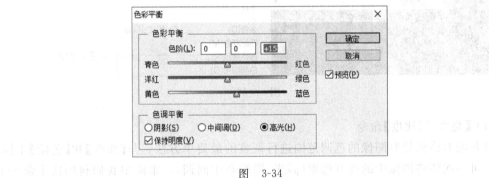

图 3-34

度】对话框,在该对话框中调整参数,见图 3-35,单击【确定】按钮,效果见图 3-36。

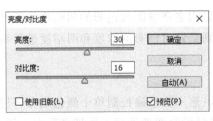

图 3-35

图 3-36

3.3.3　知识解析

展开【图像】→【调整】菜单,可以看到如图 3-37 所示的色调和色彩的调整工具。

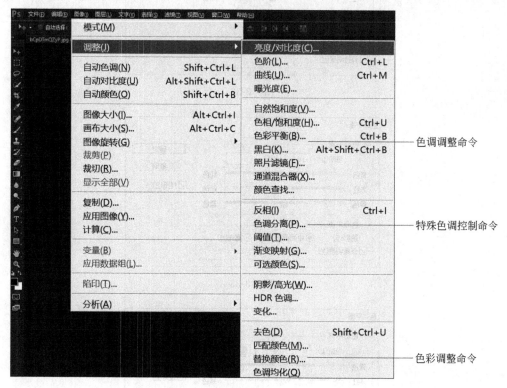

图　3-37

（1）【亮度/对比度】命令

打开的对话框是对图像的色调范围进行调整的最简单方法。与【曲线】和【色阶】不同,该命令可一次调整图像中的所有像素(高光、阴影和中间调)。本例中我们利用这个命令增加图像亮色调和暗色调的对比度,使图像色彩清晰、层次分明。

（2）【色阶】命令(快捷键为 Ctrl+L)

打开的对话框通过调整色彩的明暗度来改变图像的明暗及反差效果。色阶的取值范围在 0(全黑)～255(全白)。利用滑块或者输入数值的方式调整输入及输出的色阶值,见图 3-38。

（3）【曲线】命令(快捷键为 Ctrl+M)

【曲线】命令和【色阶】命令的功能非常相似,都是用来调整图像色彩的明暗度和反差的。【色阶】命令是针对整体图像的明暗度,【曲线】命令则是针对色彩的浓度和明暗度进行调整,甚至修改色度,见图 3-39。

（4）【色彩平衡】命令(快捷键为 Ctrl+B)

【色彩平衡】命令可以改变图像中颜色的组成,虽然不能精确控制单个颜色成分,只能对图像进行粗略调整,但是这个命令简单直接,在很多时候给图像处理工作带来很大方便。

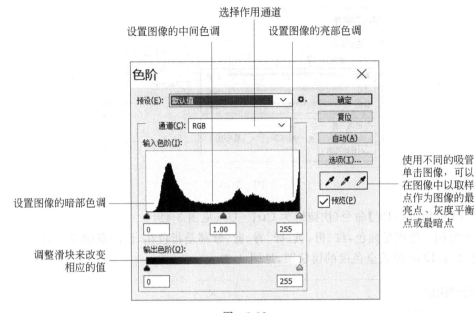

图　3-38

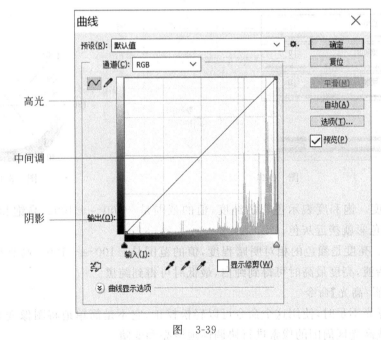

图　3-39

① 调整颜色之间的平衡度。在色彩平衡对话框中,青色和红色、洋红色和绿色、黄色和蓝色互为补色,见图 3-40,这意味着,当红色成分增加时,相对的青色成分会慢慢减少。其他两组同理。

② 选中【阴影】、【中间调】和【高光】中的某一项,修改其中的颜色,使它们偏向于某种颜色。在 3.3 节的案例中选择不同的色调,增加绿色成分,减少洋红色;增加蓝色成分,减少黄色成分,使整幅图绿意盎然、生机勃勃。

59

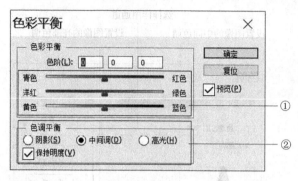

图　3-40

（5）【色相/饱和度】命令（快捷键为 Ctrl＋U）（见图 3-41）

① 色相。色相是纯色,红、橙、黄、绿、青、蓝、紫都是指色相,值的范围是－180～＋180,
其基本上是 RGB 模式全色度的饼状图,见图 3-42。

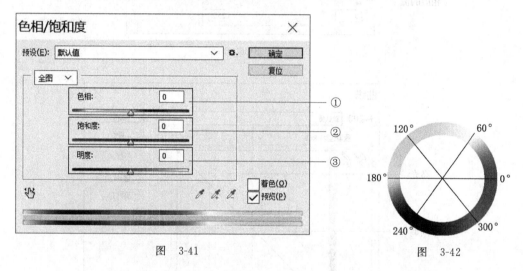

图　3-41　　　　　　　　　　　　　　　　图　3-42

② 饱和度。饱和度表示色彩的纯度,值的范围是－100～＋100。高饱和度色彩较艳
丽,低饱和度色彩就接近灰色。

③ 明度。亮度是颜色的相对明暗程度,值的范围是－100～＋100。高亮度色彩明亮,
低亮度色彩暗淡,亮度最高时可得到纯白,最低时可得到纯黑。

（6）【阴影/高光】命令

当照片曝光不足时,使用这个命令可以轻松校正,它不是简单地将图像变亮或变暗,而
是基于阴影或高光区周围的像素进行协调性地增亮和变暗。

（7）【黑白】命令（快捷键为 Alt＋Shift＋Ctrl＋B）

将彩色图像转换为灰度图像,通过颜色滑块调整图像中特定颜色的灰色调,将滑块向左
或向右拖动可使图像的原色的灰色调变暗或变亮,同时可以在勾选【颜色】后为灰度图像着
色,见图 3-43。

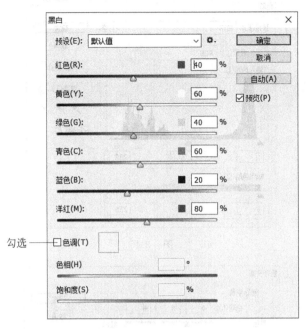

图　3-43

3.3.4　自主练习

练习一：纠正偏色照片。

打开本章 3.3 节素材文件夹中的"素材 2.jpg"，本照片颜色偏暖，明度较低。利用所学知识调整图像。调整前后图像对比见图 3-44。

图　3-44

（1）简要制作步骤。

① 调整色阶，参数见图 3-45。

② 调整色彩平衡，参数见图 3-46～图 3-48。

③ 调整色相/饱和度，参数见图 3-49。

（2）能力提升：尝试使用【曲线】、【色相/饱和度】、【照片滤镜】等命令完成练习一。并利用所学知识，调整本章 3.3 节素材文件夹中的"水.jpg"，使流水的颜色清澈，石头上的苔藓青翠。

61

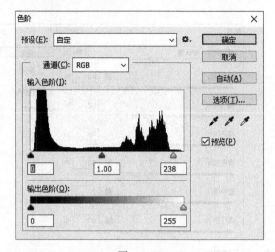

图　3-45

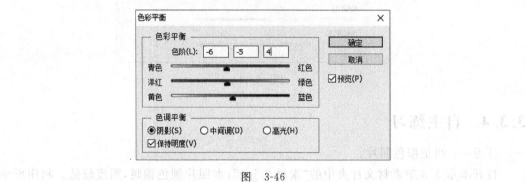

图　3-46

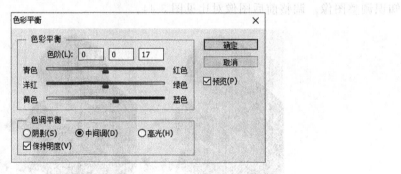

图　3-47

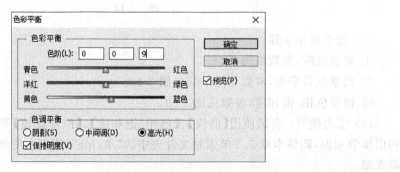

图　3-48

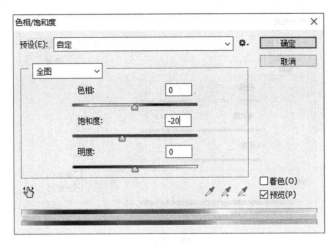

图　3-49

练习二：改善曝光不足的照片。

打开本章 3.3 节素材文件夹中的"素材 3.jpg"，本照片逆光拍摄，主体曝光不足。利用所学知识调整图像。调整前后图像对比见图 3-50。

图　3-50

（1）简要制作步骤：参数调整参考图 3-51～图 3-53。

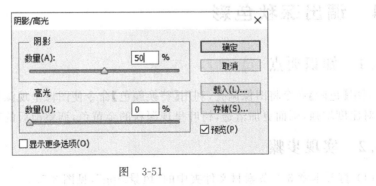

图　3-51

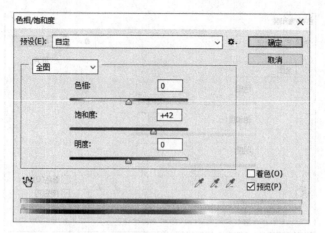

图　3-52

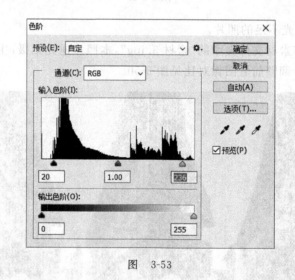

图　3-53

（2）能力提升：尝试使用【曲线】、【亮度/对比度】等命令完成练习二。练习使用【自动色阶】、【自动颜色】、【自动对比度】等命令，比较各项命令的异同。

3.4　调出深秋色彩

3.4.1　知识要点

利用【色阶】命令将图像调亮，利用【替换颜色】命令使图像呈现深秋的清冷氛围，调整后图像对比度增强，画面更加清透，树叶呈现深秋的金黄色，调整前后的对比效果见图3-54。

3.4.2　实现步骤

（1）打开本章3.3节素材文件夹中的"风景.jpg"，见图3-55。
（2）增加亮度与加深暗部。

图　3-54

① 创建新的调整图层。在【图层】面板中下方单击【创建新的填充或调整图层】图标，打开如图 3-56 所示快捷菜单，在其中选择【色阶】命令，打开【色阶】对话框。

图　3-55　　　　　　　　　　　　　　　　　　　图　3-56

② 增加亮度。按下 Alt 键，此时画布全部为黑色，在【色阶】对话框向左拖拽最右侧三角图标，当模特的脸部出现红色亮点时停止，见图 3-57。

③ 加深暗部。按下 Alt 键，此时画布全部为白色，向右拖拽最左侧三角图标，当模特的脸部出现红色亮点时停止，见图 3-58。单击【色阶】对话框右上角图标，将对话框隐藏。

（3）分别使用两种方法调整树叶呈现金黄色。

方法 1：

① 盖印可见图层。按下快捷键 Shift＋Alt＋Ctrl＋E 生成"图层 1"。

② 替换颜色。选择【图像】→【调整】→【替换颜色】命令，在其对话框的【选区】栏单击【颜色】图标，打开【拾色器（选区颜色）】对话框，在画面的绿色树叶上单击拾取颜色；在【替

65

换】栏单击【结果】图标,打开【拾色器(结果颜色)】对话框,设置颜色为黄色(R:245;G:245;
B:75),见图 3-59,单击【确定】按钮。

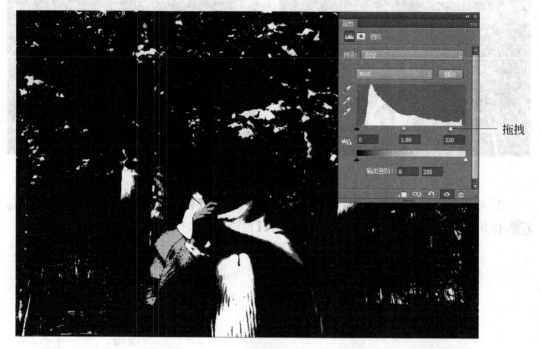

拖拽

图 3-57

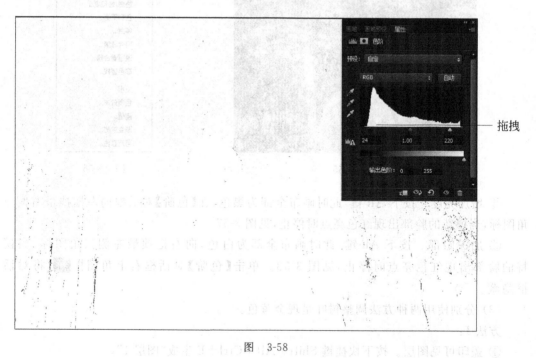

拖拽

图 3-58

方法2：

① 隐藏"图层1"。首先在【图层】面板中将方法1中盖印生成的"图层1"前面的眼睛关闭，即隐藏"图层1"。

② 调整颜色。在【图层】面板中选择"色阶1"图层，单击【创建新的填充或调整图层】图标，选择【通道混合器】命令，在其所在的对话框中选择【输出通道】为"红"，减少红色和蓝色数值，增加绿色数值，参数设置如图3-60所示，完成后效果如图3-54右图所示。

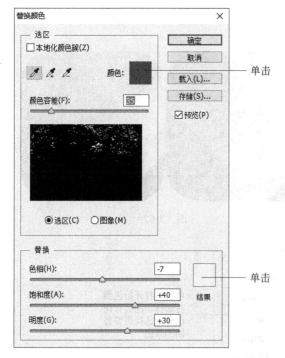

图　3-59

图　3-60

3.4.3　知识解析

（1）盖印可见图层

盖印可见图层是将可见图层样式合并到一个新图层中，保留原有图层，它和合并可见图层的不同之处在于盖印后原图层仍然保留。

（2）创建新的填充或调整图层

执行【创建新的填充或调整图层】命令，调整层会多出来一个蒙版层，如图3-61所示，此蒙版层下的所有图层都会受影响，当对调整效果不满意的时候可以双击该蒙版层前面的缩略图，打开其对话框重新调整参数。

使用【创建新的填充或调整图层】调整图像的色彩色调和使用【图像】→【调整】里面的调整命令两者相比较，前者更灵活，但是会影响下面的所有图层，后者仅对选中的当前图层有效，不会影响下面的图层；前者如果应用调整效果的时候需要使用"盖印可见图层"命令将调整效果整合到新图层，后者则直接应用在图层上。

（3）【替换颜色】命令

可以快速替换图片中的局部色彩。在【替换颜色】命令打开的对话框中设置参数,如图 3-63 所示,可以将中间的浅橘色换成如图 3-62 右图所示的绿色。

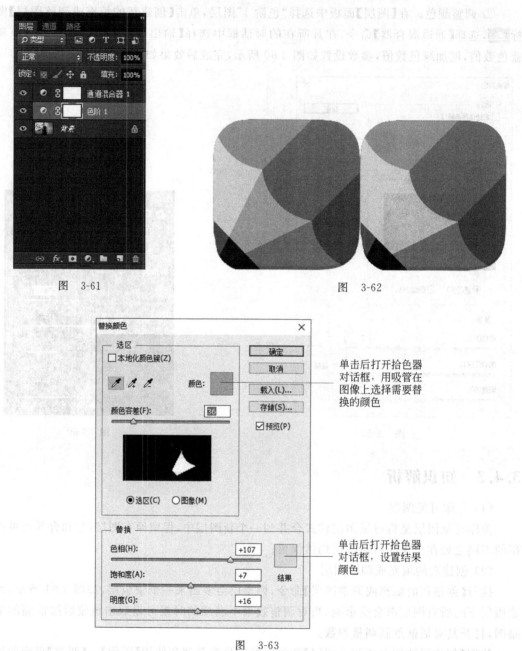

图　3-61

图　3-62

图　3-63

（4）【通道混合器】命令

【通道混合器】是关于色彩调整的命令,该命令可以调整源通道中的颜色成分。输出通道可以是源图像的任一通道,根据图像颜色模式的不同源通道也会有所不同,RGB 颜色模式的源通道为 R、G、B;CMYK 颜色模式的源通道为 C、M、Y、K。【通道混合器】只有在图像颜色模式为 RGB 和 CMYK 时才起作用,在图像颜色模式为 LAB 或其他模式时,【通道混合器】不能进行操作。下面以 RGB 颜色模式为例讲解【通道混合器】的工作原理。

① 通道中的 RGB 三原色。

在画布的黑色背景下绘制三个图形,分别是红色(R:255;G:0;B:0)正方形、绿色(R:0;G:255;B:0)圆形、蓝色(R:0;G:0;B:255)三角形。在【通道】面板中可以看到三个图形在 RGB 三个通道中的成像,见图 3-64。

在【通道】面板中,黑、白、灰代表存在该通道颜色的信息量,白色级别最高。由于三个图形颜色分别选择的是 RGB 三原色,所以红色通道中显示白色方块(R:255;G:0;B:0),而圆形(R:0;G:255;B:0)和三角形(R:0;G:0;B:255)中没有红色成分,圆形和三角形两个图形在红色通道中呈现黑色。绿色通道中显示一个白色的圆形,蓝色通道中显示一个白色的三角形。

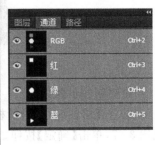

图　3-64

② 输出通道与源通道的作用。

【输出通道】就是用户需要修改的图像源通道。本例中选择【输出通道】为"红",则红色通道为需要修改的图像源通道,在【通道混合器】面板中移动红、绿、蓝滑块就是向红色通道中的正方形、圆形、三角形三个区域添加或减除红色信息,见图 3-65,向红色通道加入绿色信息后圆形变为黄色,加入蓝色信息后三角形变为粉紫色,减少红色信息后方形变为暗红色。

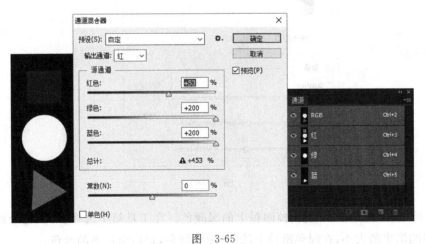

图　3-65

3.4.4　自主练习

练习一:修改底板的颜色。

要求:打开本章 3.4 节素材文件夹中的"淘宝底图.jpg",将照片中的蓝色底板替换为绿色,眼镜的颜色不改变,效果如图 3-66 所示。

图　3-66

简要制作步骤如下：

（1）在【替换颜色】对话框中拾取【选区】底板蓝颜色，【替换】颜色设置为绿色，其他参数见图 3-67，单击【确定】按钮。

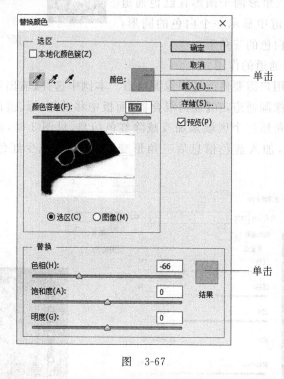

图　3-67

（2）使用【历史记录画笔】去掉眼镜上的绿颜色。在工具箱中选择【历史记录画笔】，设置适当的笔尖的大小，在绿色眼镜上涂抹，擦除绿色，显示出原来的蓝色。

练习二：调出时尚色调。

要求：打开本章 3.4 节素材文件夹中的"时尚色调.jpg"，分别修改照片色调偏向黄色和蓝色。

提示：使用【通道混合器】进行调整，效果和主要参数见图 3-68 和图 3-69。

练习三：利用曲线快速修正照片颜色。

要求：打开本章 3.4 节素材文件夹中的"修正颜色.jpg"，该照片明显偏绿色，利用曲线

图　3-68

图　3-69

工具修正颜色，对比效果如图 3-70 所示。

图　3-70

简要制作步骤如下:

(1) 在【曲线】对话框中,选择"在图像中取样以设置灰场"吸管图标,见图 3-71。

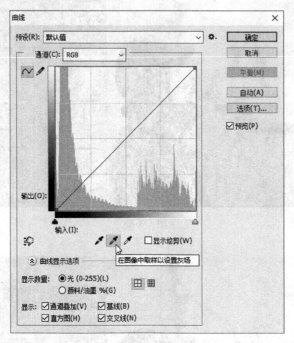

图　3-71

　　(2) 在画面的最白的地方单击,吸取颜色,【曲线】对话框变化如图 3-72 所示,对比效果见图 3-70。

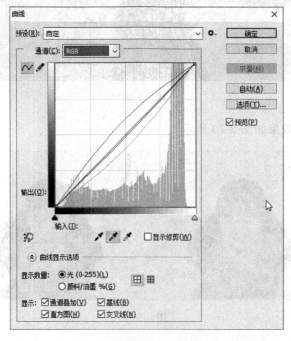

图　3-72

练习四：利用曲线提亮照片。

要求：打开本章 3.4 节素材文件夹中的“提亮照片.jpg”，该照片明显偏灰，利用曲线工具迅速改善照片的视觉效果。对比效果如图 3-73 所示。

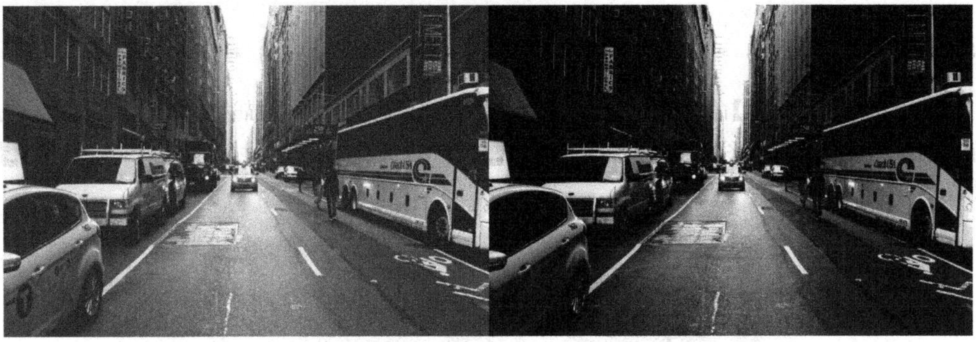

图　3-73

简要制作步骤如下：

(1) 在【曲线】对话框中使用“在图像中取样以设置黑场”吸管，在图像最黑处单击(例如汽车轮胎)。

(2) 选择使用“在图像中取样以设置白场”吸管。在图像最白处单击(例如天空)，单击【确定】按钮。

(3) 适当调整曲线，见图 3-74，对比效果见图 3-73。

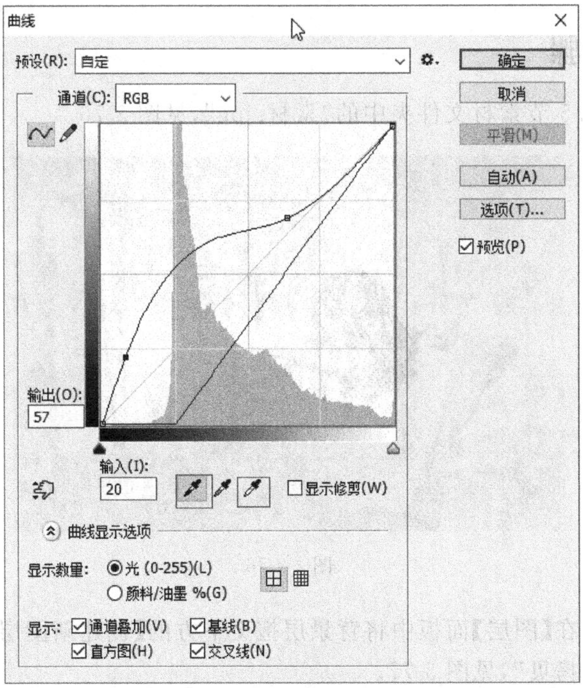

图　3-74

3.5 制作淡彩背景的照片

3.5.1 知识要点

利用【色相/饱和度】命令的【着色】功能,调出淡彩图片,利用描边、加变形阴影的方法突出前景图片,最后根据图片意境输入文字,整个画面要求色彩协调,构图完整,效果见图 3-75。

图 3-75

3.5.2 实现步骤

(1) 打开本章 3.5 节素材文件夹中的"素材.jpg",见图 3-76。

图 3-76

(2) 背景图层。在【图层】面板中将背景层拖至下方的【创建新图层】 图标按钮上,复制背景图层为"背景 拷贝",见图 3-77。

(3) 修改前景色。在工具箱中单击【前景色】工具 ,打开【拾色器】对话框,将鼠标光标移动到画布上,此时鼠标光标变成吸管形状,在照片皮肤较亮处单击,拾取颜色,见图 3-78,单击【确定】按钮。

74

图　3-77

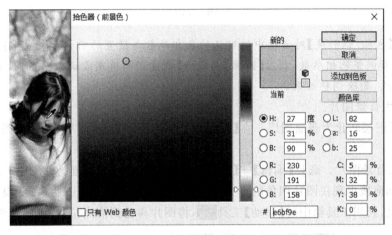

图　3-78

（4）制作淡彩背景。在【图层】面板中将"背景 拷贝"前面的眼睛关闭，使之隐藏。选择"背景"层，在【图层】面板中下方单击【创建新的填充或调整图层】图标，在打开的快捷菜单中选择【色相/饱和度】命令，在其对话框中勾选【着色】，见图 3-79，单击右上角叉号关闭该对话框，操作完成后【图层】面板如图 3-80 所示，效果见图 3-81。

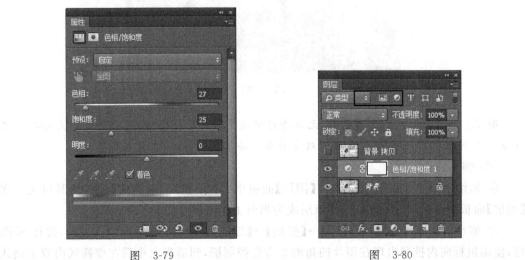

图　3-79

图　3-80

图　3-81

提示：【色相/饱和度】对话框中的默认的色相参数与设置的前景色相关,可以根据设计题材自己重新调整色相参数,利用【图像】面板→【创建新的填充或调整图层】设置调整图层,可以随时修改、删除调整效果。

（5）放大背景图片。

① 背景图层转化为普通图层。在【图层】面板中双击"背景"图层,将背景图层转化为普通图层0。

② 放大背景图片。选择【编辑】→【变换】→【缩放】命令(快捷键为 Ctrl＋T),按住 Shift键,使用鼠标拖拽出现在图片四角的正方形控制柄,当调整大小合适后,在变换区内双击确认操作。最后利用工具箱中的【移动】工具 ,将图片移动到恰当位置,见图 3-82。

图　3-82

提示：如果画面充满工作界面,无法进行缩放变换的拖拽操作,可以将鼠标光标指向工作窗口的下角,当鼠标光标变成斜向双向箭头时按下鼠标拖拽,扩大工作界面。

（6）缩小前景图片。

① 激活"背景 拷贝"图层。点亮【图层】面板中"背景 拷贝"前面的眼睛,使其可见。在【图层】面板中单击"背景 拷贝",使该层成为当前工作图层。

② 缩小前景图片。选择【编辑】→【变换】→【缩放】命令(快捷键为 Ctrl＋T),按住 Shift键,使用鼠标向内推移出现在图片四角的正方形控制柄,到适当大小后在变换区内双击确认

操作。利用工具箱中的【移动】工具 , 将图片移动到恰当位置, 见图 3-83。

图 3-83

(7) 对前景小图进行描边。

① 载入选区。按住 Ctrl 键, 在【图层】面板中单击"背景 拷贝"层缩略图, 将前景小图载入选区。

② 描边。选择【编辑】→【描边】命令, 设置【宽度】为 4 像素, 【颜色】为白色, 【位置】为"居中", 单击【确定】按钮, 效果见图 3-84。

图 3-84

(8) 制作前景图片阴影。

① 在"图层 0"和"背景拷贝"之间新建图层。在【图层】面板中选择"图层 0", 按下 Shift＋Ctrl＋N 快捷键, 在弹出的【新建图层】对话框中输入【名称】为"图层 1"。

② 载入选区并羽化。按下 Ctrl 键, 同时在【图层】面板中单击"背景拷贝"的图层缩略图, 载入选区。选择【选择】→【修改】→【羽化】(快捷键为 Shift＋F6)命令, 在其对话框中设置【羽化半径】为 5 像素。

③ 填充选区。设置前景色为深灰色, 用深灰色填充选区(快捷键为 Alt＋Delete), 取消选择(快捷键为 Ctrl＋D), 图层构成如图 3-85 所示。

(9) 调整阴影形状。按下快捷键 Ctrl＋T, 再右击, 选择【变形】命令, 调整深灰色阴影的左、右下角, 如图 3-86 所示。

图　3-85　　　　　　　　　　　　　　　　图　3-86

（10）输入文字。在工具箱中选择【横排文字】工具 ，在工具属性栏设置字体为
Monotype Corsiva、字号为 36 点，设置消除锯齿的方法为"平滑"，字色设置为深咖色（R：
40；G：30；B：25），见图 3-87，在画布上单击输入一段自己喜爱的文字。

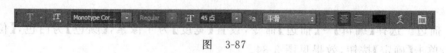

图　3-87

（11）设置文字行间距。单击图 3-87 所示的文字工具属性栏最后一个图标，打开【字
符】面板，再设置行距，如图 3-88 所示。利用工具箱中的【移动】工具，将文字移动到恰当
位置。完成后效果见图 3-75（字体的安装方法见知识解析）。

图　3-88

3.5.3　知识解析

（1）拾色器

【拾色器】对话框如图 3-89 所示，在对话框中可以有四种颜色模型 HSB、RGB、Lab 和
CMYK。下面主要讲解 HSB 模式即"色相/饱和度/亮度"模式。

① 颜色模型：选择 H 可以进入 HSB 取色方式。

② 色谱：就是色相，可以通过颜色滑块选择颜色的色调。

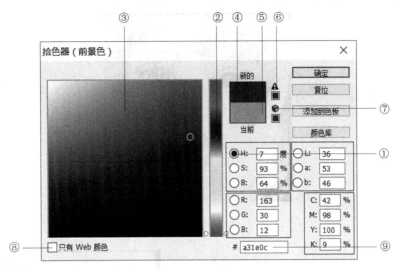

图   3-89

③ 色域：色域包含了饱和度和明度，其中横方向是饱和度，竖方向是明度。在色域框内单击可以拾取颜色，也可以使用鼠标在画布上拾取颜色，例如在本例中拾取了模特脸部皮肤的较亮部分的颜色。

④ 原稿颜色。

⑤ 调整后的颜色。

⑥ "溢色"警告图标：颜色是可打印色域之外的颜色，即不可打印的颜色。

⑦ "非 Web 安全"警告图标：颜色不是 Web 安全颜色。以前计算机显示器最多支持256 色，因此出现了 216 种 Web 安全颜色，以保证网页的颜色能够正确显示。

⑧ "Web 颜色"选项。

⑨ 当前选择的颜色值。

（2）安装字体

在设计中我们往往要用到一些特殊的字体，可以从网络上或光盘中得到这些后缀为 ttf的字体文件，本书涉及的字体存放在提供的素材文件"字体"文件夹中。安装字体的方法非常简单，即将字体文件复制到 C:\WINDOWS\FONTS 文件夹中。

3.5.4   自主练习

练习：调整局部色彩。

要求：通过涂抹腮红和眼影修饰图像，效果见图 3-90。

简要制作步骤如下：

（1）打腮红。使用【套索】工具 ，在工具属性栏中设置【羽化】为 20 像素，见图 3-91。在人像脸部圈选腮红位置，按住 Shift 键在右脸做圈选，见图 3-92。

提示：在使用选取工具时，按住 Shift 键可增加选区，按住 Alt 键可缩减选区，使用快捷键 Ctrl＋Z 可以撤销上一步错误的选取。

（2）调整【色相/饱和度】。单击【图层】面板底部的【创建新的填充或调整图层】按钮 ，在弹出的快捷菜单中选择【色相/饱和度】命令，在其对话框中设置参数见图 3-93。

图　3-90

图　3-91　　　　　　　　　　　图　3-92

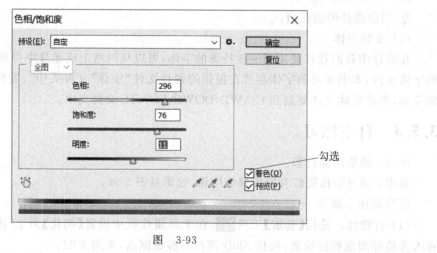

勾选

图　3-93

提示：使用调整图层可以为今后修改调整参数提供方便，双击调整图层的图层蒙版缩略图，可以重新打开【调整】对话框。

（3）抹眼影。在眼帘部位实施步骤（1）和（2），设置参数见图 3-94 和图 3-95。

图 3-94

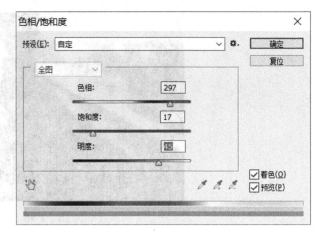

图 3-95

（4）涂口红。在唇部位实施步骤（1）和（2），设置参数见图 3-96 和图 3-97，完成后效果见图 3-90。

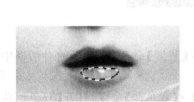

图 3-96

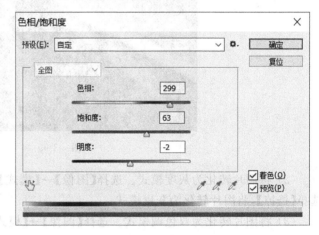

图 3-97

3.6 制作双色调模式的照片

3.6.1 知识要点

在数码照片的印刷中，可以向灰度图像中添加 2～4 种颜色，这样既减少了印刷成本，又可以打印出比单纯灰度模式颜色更丰富的图像，而且能产生特殊的艺术效果。本例学习利用【图像】→【模式】→【双色调】制作双色调的艺术照片效果，见图 3-98。

3.6.2 实现步骤

（1）打开本章 3.6 节素材文件夹中的"素材.jpg"，见图 3-99。

图　3-98

图　3-99

（2）将图片转化为灰度模式。选择【图像】→【模式】→【灰度】命令，在弹出的对话框中选择【扔掉】，将图片转化为灰度模式。

（3）将图片转化为双色调模式。选择【图像】→【模式】→【双色调】命令，打开【双色调选项】对话框，将【类型】设置为"双色调"，设置【油墨 2】的颜色为咖色，见图 3-100 和图 3-101。

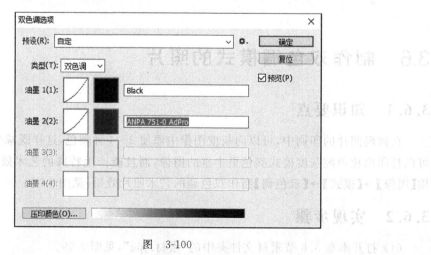

图　3-100

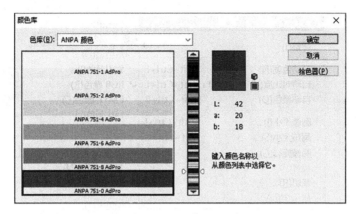

图　3-101

（4）分别设置油墨 1 和油墨 2 的曲线。分别单击【油墨 1】和【油墨 2】后面的曲线图标，在弹出的【双色调曲线】对话框中的设置如图 3-102 和图 3-103 所示，设置完毕单击【确定】按钮，完成后效果见图 3-98。

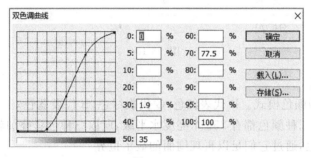

图　3-102

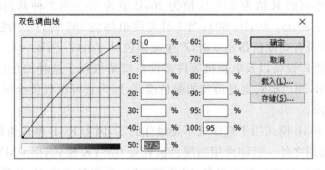

图　3-103

3.6.3　知识解析

展开【图像】→【模式】菜单，如图 3-104 所示。

在 Photoshop 中，颜色模式决定显示和打印电子图像的色彩模型，即一幅电子图像用什么样的方式在计算机中显示或打印输出。每种模式的图像描述和色彩的原理及所能显示的颜色数量是不同的。常见的颜色模式如下。

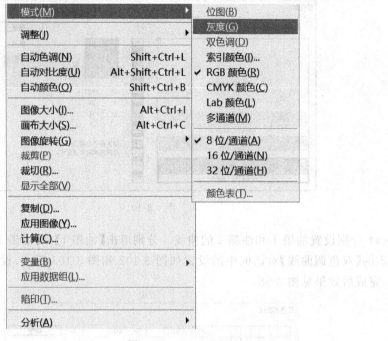

图 3-104

(1) RGB 模式

RGB 是色光的颜色模式。R 代表红色,G 代表绿色,B 代表蓝色,三种色彩叠加形成了其他的色彩。因为三种颜色都有 256 个亮度水平级,所以三种色彩叠加就形成 1670 万种颜色了,也就是真彩色,通过它们足以再现绚丽的显示世界。

在 RGB 模式中,由红、绿、蓝相叠加可以产生其他颜色,因此该模式也叫加色模式。例如,一种明亮的红色可能 R 值为 246,G 值为 20,B 值为 50。当 3 种基色的亮度值相等时,产生灰色,例如(R:80;G:80;B:80);当 3 种亮度值都是 255 时,产生纯白色(R:255;G:255;B:255);而当所有亮度值都是 0 时,产生纯黑色(R:0;G:0;B:0)。

所有显示器、投影设备以及电视机等许多设备都是依赖于这种加色模式来实现的。就编辑图像而言,RGB 颜色模式也是最佳的颜色模式,因为它可以提供全屏幕的 24 位的色彩范围,即真彩色显示。

但是,如果将 RGB 模式用于打印就不是最佳的了,因为 RGB 模式所提供的有些色彩已经超出了打印的范围之外。打印所用的颜色模式是 CMYK 模式,而 CMYK 模式所定义的色彩要比 RGB 模式定义的色彩少很多,因此打印时,系统自动将 RGB 模式转换为 CMYK 模式,这样就难免损失一部分颜色,出现打印后失真的现象。

(2) CMYK 模式

CMYK 代表印刷上用的四种颜色,C 代表青色,M 代表洋红色,Y 代表黄色,K 代表黑色。因为在实际引用中,青色、洋红色和黄色很难叠加形成真正的黑色,因此引入了 K——黑色,黑色的作用是强化暗调,加深暗部色彩。

CMYK 模式在本质上与 RGB 模式没有什么区别,只是产生色彩的原理不同,在 RGB 模式中由光源发出的色光混合生成颜色,而在 CMYK 模式中由光线照到有不同比例 C、M、

Y、K油墨的纸上,部分光谱被吸收后,反射到人眼的光产生颜色。由于C、M、Y、K在混合成色时,随着C、M、Y、K四种成分的增多,反射到人眼的光会越来越少,光线的亮度会越来越低,所有CMYK模式产生颜色的方法又被称为色光减色法。

用CMYK模式编辑虽然能够避免色彩的损失,但运算速度很慢。主要是因为即使在CMYK模式下工作,Photoshop也必须将CMYK模式转变为显示器所使用的RGB模式。对于同样的图像,RGB模式只需要处理三个通道即可,而CMYK模式则需要处理四个。因此,最好先在RGB模式下编辑,然后再转换成CMYK图像,做出必要的色彩校正、锐化和修正,最后交付印刷。

(3) HSB模式

在此模式中,所有的颜色都用色相或色调、饱和度、亮度三个特性来描述。

(4) LAB模式

LAB模式的原型是由CIE协会制定的一个衡量颜色的标准,它是一个理论上包括了人眼可以看见的所有色彩的颜色模式。此模式解决了由于不同的显示器和打印设备所造成的颜色赋值的差异,也就是它不依赖于设备。

LAB颜色是以一个亮度分量L及两个颜色分量A和B来表示颜色的。其中L的取值范围是0~100,A分量代表由绿色到红色的光谱变化,而B分量代表由蓝色到黄色的光谱变化,A和B的取值范围均为-120~120。

在Photoshop所能使用的颜色模式中,LAB模式的色域最宽,它包括RGB和CMYK色域中的所有颜色。所以使用LAB模式进行转换时不会造成任何色彩上的损失。Photoshop是以LAB模式作为内部转换模式来完成不同颜色模式之间的转换。例如,在将RGB模式的图像转换为CMYK模式时,计算机内部首先会把RGB模式转换为LAB模式,然后再将LAB模式的图像转换为CMYK模式图像。

(5) 其他颜色模式

除基本的RGB模式、CMYK模式和LAB模式之外,Photoshop还支持其他的颜色模式,这些模式包括位图模式、灰度模式、双色调模式、索引颜色模式、多通道模式和8位/16位通道模式。

① 位图(bitmap)模式

位图模式用黑和白两种颜色来表示图像中的像素。位图模式的图像也叫黑白图像,因为其深度为1,也称为一位图像。由于位图模式只用黑白色来表示图像的像素,在将图像转换为位图模式时会丢失大量细节,大大简化了图像中的颜色信息,并减小了文件大小。在宽度、高度和分辨率相同的情况下,位图模式的图像尺寸最小。

要将图像转换为位图模式,必须首先将其转换为灰度模式。但是,由于只有很少的编辑选项能用于位图模式图像,所以最好在灰度模式中编辑图像,然后再转换它。

② 灰度(grayscale)模式

灰度模式可以使用多达256级灰度来表现图像,使图像的过渡更平滑细腻。灰度图像的每个像素有一个0(黑色)到255(白色)的亮度值。灰度值也可以用黑色油墨覆盖的百分比来表示(0等于白色,100等于黑色)。将彩色图像转换为灰度模式时,Photoshop会扔掉原图中所有的颜色信息,而只保留像素的灰度级。本例就是利用了灰度模式作为位图模式和彩色模式间相互转换的中介模式。

③ 双色调(duotone)模式

双色调模式用一种灰度油墨或彩色油墨渲染一个灰度图像,为双色套印或同色浓淡套印模式。在这种模式中,最多可以向灰度图像中添加 4 种颜色,这样就可以打印出比单纯灰度模式颜色丰富的图像,并能产生特殊的艺术效果。使用双色调模式最主要的用途是使用尽量少的颜色表现尽量多的颜色层次,这对于减少印刷成本是很重要的,因为在印刷时,每增加一种色调都需要更大的成本。

④ 索引颜色(indexed color)模式

索引颜色模式是网上和动画中常用的图像模式,包含近 256 种颜色。索引颜色图像含有一个颜色表。如果原图像中颜色不能用 256 色表现,则 Photoshop 会从颜色表可以使用的颜色中选出最相近颜色来模拟这些颜色,这样可以减小图像文件的尺寸。颜色表用来存放图像中的颜色,并为这些颜色建立颜色索引。

⑤ 多通道(multichannel)模式

多通道模式对有特殊打印要求的图像非常有用。例如,如果图像中只使用一两种或两三种颜色时,使用多通道模式可以减少印刷成本并保证图像颜色的正确输出。

⑥ 8 位/16 位通道模式

在灰度 RGB 或 CMYK 模式下,可以使用 16 位通道来代替默认的 8 位通道。根据默认情况,8 位通道中包含 256 个色阶,如果增到 16 位,每个通道的色阶数量为 65536 个,这样能得到更多的色彩细节。Photoshop 可以识别和输入 16 位通道的图像,但对于这种图像限制很多,所有的滤镜都不能使用,另外 16 位通道模式的图像不能被印刷。为了便于操作练习,本书所有案例默认使用 8 位通道模式。

3.6.4 自主练习

练习一:制作双色调照片效果。

打开本章 3.6 节素材文件夹中的"照片 m.jpg",利用本节所学知识调整图像,调整结果如图 3-105 所示。

图 3-105

练习二:制作旧照片效果。

打开本章 3.6 节素材文件夹中的"旧照片.jpg",见图 3-106。利用所学知识调整图像,

图　3-106　　　　　　　　　　　　　图　3-107

调整结果见图 3-107。

简要制作步骤如下：

（1）复制背景层为"背景 拷贝"。

（2）选择【图像】→【调整】→【去色】命令将照片转化为无彩色照片。

（3）复制"背景 拷贝"为"背景 拷贝 2"。

（4）调整"背景 拷贝 2"色调。选择【图像】→【调整】→【色阶】命令调整黑、白、灰色调，见图 3-108。

（5）使用【图像】→【调整】→【阈值】命令把图像转化成黑白二值照片，见图 3-109。

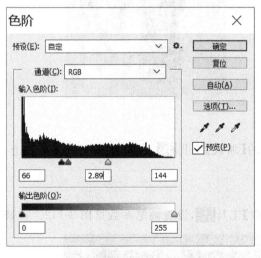

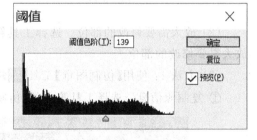

图　3-108　　　　　　　　　　　　　图　3-109

（6）使用【选择】→【色彩范围】命令选择图片中白色区域。

（7）关闭【图层】面板中"背景 拷贝 2"前的眼睛，隐藏此层。

（8）激活"背景 拷贝"，设置前景色为浅灰黄，使用前景色填充选区（快捷键为 Alt＋Delete），取消选择（快捷键为 Ctrl＋D）。

（9）使用【滤镜】→【杂色】→【添加杂色】命令做旧照片，完成后效果见图 3-107。

3.7 修复照片中的瑕疵

3.7.1 知识要点

在数码照片的处理中，经常会遇到修复照片中存在的污点和印迹等问题。本例中模特脸上的粉刺、疤痕，这些都是需要修复的内容。分别利用【修复画笔】工具 ✏️、【修补】工具 ⊕ 和【仿制图章】工具 ⏱ 三个工具修复旧照片中的瑕疵。使用【高斯模糊】滤镜、【模糊】工具 💧 磨皮，设置【图层叠加模式】改善肤色，调整后效果见图 3-110。

3.7.2 实现步骤

（1）打开文件，并复制背景图层。打开本章 3.7 节素材文件夹中的"素材 1.jpg"，见图 3-111。用快捷键 Ctrl+J 复制背景层，得到"图层 1"。

提示：复制背景图层是为了给原始图像保存一个副本。

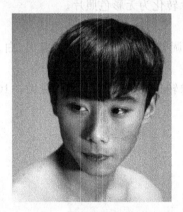

图 3-110

图 3-111

（2）放大需要修改的部位。选择工具箱中的【缩放】工具 🔍，在需要修改的地方单击，放大需要修改的部位。

（3）方法 1：使用【仿制图章】工具 ⏱ 修复。

① 复制源信息。选择工具箱中的【仿制图章】工具 ⏱，设置画笔参数见图 3-112。在修

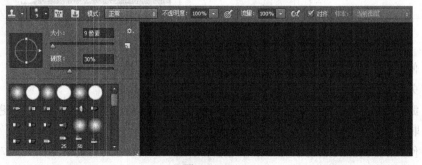

图 3-112

复目标(例如粉刺)周围寻找与修复目标最匹配的光洁皮肤位置作为源点,按住 Alt 键的同时在找到的位置单击,复制源点信息,见图 3-113。

② 修复瑕疵。在修复目标(例如粉刺)处单击,将源点信息复制到目标位置。重复该步骤的操作,使用周围光洁皮肤将污点逐步替换下来。

提示:使用【仿制图章】工具和【修复画笔】工具时,可以将工具属性栏中的样本设置为"所有图层",然后新建图层,在新的图层上修复瑕疵,如果遇到不满意的效果用【橡皮擦】工具擦除即可。同时要学会使用【历史记录画笔】工具进行实时地恢复,但是因为历史记录只可以保留有限步数,所以在操作过程中及时更新快照,使撤销操作更灵活。

(4) 方法 2:使用【修复画笔】工具修复。

① 恢复到原始状态。首先从历史记录面板单击快照"素材 1.jpg",见图 3-114,将图像恢复到素材原始状态。

图　3-113　　　　　　　　图　3-114

② 在新图层修复图像。新建图层(快捷键为 Shift＋Ctrl＋N),选择工具箱中的【修复画笔】工具,设置画笔参数(见图 3-115),使用方法和【仿制图章】工具相似。

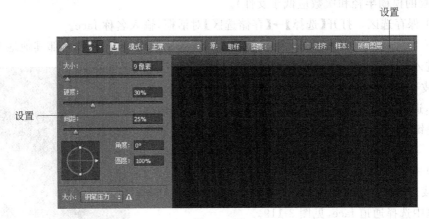

图　3-115

(5) 方法 3:使用【修补】工具修复。首先从历史记录面板单击快照"素材 1.jpg",将图像恢复到素材原始状态。选择工具箱中的【修补】工具,圈选修复目标(例如粉刺),拖拽到光洁皮肤处,见图 3-116。

（6）利用三种工具处理粉刺和痘印，比较三种工具的不同效果。

（7）选择磨皮区域。

① 进入快速蒙版状态。按下快捷键 D，设置前景色为黑色，在工具箱中按下"以快速蒙版模式编辑"按钮，进入快速蒙版状态（快捷键为 Q）。

② 获得选区。选择【画笔】工具，适当调整笔尖的大小，【硬度】为 0。使用画笔在脸部皮肤处进行涂抹，避开眼镜、鼻孔、嘴巴，配合使用【橡皮擦】工具修改涂抹覆盖区域，见图 3-117。完成涂抹后，单击工具箱中的"以标准模式编辑"按钮退出快速蒙版状态。选择【选择】→【反选】命令，对选区进行反选，获得需要磨皮的区域。

图 3-116

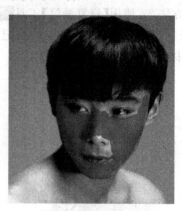

图 3-117

（8）对选区进行羽化。选择【选择】→【修改】→【羽化】命令（快捷键为 Shift＋F6），在【羽化选区】对话框中设置【羽化半径】为 5 像素，单击【确定】按钮。

（9）磨皮。选择【滤镜】→【模糊】→【高斯模糊】打开【高斯模糊】对话框，设置模糊半径为 3 像素，单击【确定】按钮。按下快捷键 Ctrl＋F，反复执行几次模糊滤镜，直到感到满意为止（男性脸的模糊半径和次数应低于女性）。

（10）保存选区。打开【选择】→【存储选区】对话框，输入名称 face。

（11）再次对脸颊两侧磨皮。如果脸颊两侧皮肤比较粗糙，在完成面部其他地方磨皮之后再次进入快速蒙版状态，使用【画笔】工具涂抹已经光洁的皮肤位置，保留需要进一步磨皮的区域，见图 3-118，退出快速蒙版状态后，对选区羽化 5 像素。再次按下快捷键 Ctrl＋F，反复执行几次模糊滤镜，直到感到满意为止。

（12）提亮肤色。

① 载入选区。选择【选择】→【载入选区】命令，在打开的对话框中选择通道 face，见图 3-119。

② 在新图层填充颜色。新建图层，在工具箱中设置前景色为肉粉色（R：250；G：200；B：180），按下快捷键 Alt＋Delete 填充选区，取消选择（快捷键为 Ctrl＋D）。

③ 设置图层混合模式。在【图层】面板中设置【图层混

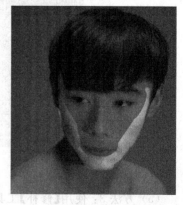

图 3-118

合模式】为【柔光】,不透明度为 20,见图 3-120,完成后效果见图 3-108。

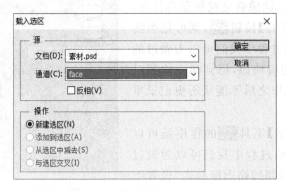 

图　3-119　　　　　　　　　　　　　　　图　3-120

3.7.3　知识解析

(1)【仿制图章】工具 、【修复画笔】工具 、【修补】工具 和【污点修复画笔】工具 ,这四个工具虽然各有各的用处,但基本上工作原理相似。

① 【修复画笔】工具 、【修补】工具 具有自动匹配颜色过渡的功能,使修复后的效果自然融入周围图像中,保留着图像原有的纹理和亮度。

② 【仿制图章】工具 只是把局部的图像复制到另一处。当修复大面积相似颜色的瑕疵时,使用【修复画笔】工具 是非常有优势的。当修复图像中边缘部分时,需要使用【仿制图章】工具 。

③ 【污点修复画笔】工具 继承了【修复画笔】工具 的自动匹配的优秀功能,而且将这个功能可以进行近似匹配,即使用选区边缘周围的像素来查找要用作选定区域修补的图像区域。这个工具不需要定义原点,只要确定好修复图像的位置,就会在确定的修复位置边缘自动找寻相似的部分进行自动匹配。

(2)【历史记录】面板。

① 状态。当打开一个文档后,【历史记录】面板会自动记录所做的每一个操作(视图的缩放操作除外)。每一动作在面板上占有一格,称为状态,见图 3-121。Photoshop 默认的状态为 20 步。单击面板上任意一个状态,就可恢复到该状态。

图　3-121

② 快照。打开一个文档时,Photoshop 默认设置一个快照,如本例中的"素材 1.jpg"(见图 3-114)。快照就是被保存的状态,单击【历史记录】面板底下的【创建新快照】按钮 ,就可把当前状态作为快照形式保存下来,在修复的过程中我们可以为做过的工作建立快照,在发生错误以后单击相应快照,回到建立快照时的状态,这一点可以弥补当进行多步操作之后不能从历史记录里进行恢复的缺陷。

③ 历史记录画笔。【历史记录画笔】工具 的作用是可以还原某个状态的某部分内容。在修复的过程中我们可以为做过的工作建立快照,在发生错误以后,在快照缩略图前单击"设置历史记录画笔的源"按钮,见图 3-122,使用历史画笔在错误处涂抹可以使该部分回到建立快照的状态。

图　3-122

3.7.4 自主练习

练习一:双胞胎小姐妹。

要求:打开本章 3.7 节素材文件夹中的"素材 3.jpg",见图 3-123。利用【仿制图章】工具 ,实现的效果见图 3-124。

图　3-123

图　3-124

（1）简要制作步骤。

① 建立新图层，选择【仿制图章】工具，并设置参数【不透明度】为 100，【样本】设置为"所有图层"。

② 按住 Alt 键，在女孩身上选区源点，在目标位置连续擦抹，直到人物全部显示。

③ 使用【橡皮擦】工具将新图层上女孩图像的多余部分擦除。

（2）能力提升：自己利用【仿制图章】工具、【修复画笔】工具、【修补】工具进行相关艺术创作。

练习二：去掉图片中的文字。

要求：打开本章 3.7 节素材文件夹中的"素材 2.jpg"，见图 3-125，去掉照片上的文字。

简要制作步骤如下：

（1）使用【矩形选框】工具在字后面拖拽矩形选区，见图 3-126。

（2）按住 Alt 和 Ctrl 键，同时连续单击键盘上向左的箭头键，将选区内容复制到文字上，见图 3-127。

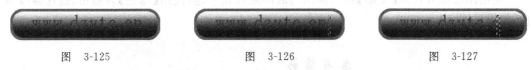

图　3-125　　　　　　　　图　3-126　　　　　　　　图　3-127

第4章 图层的运用

4.1 合成壁画

4.1.1 知识要点

使用图层混合模式【变暗】将三幅图与底图融合在一起,使用【滤色】为鲤鱼、莲花修改颜色,效果见图 4-1。

图 4-1

4.1.2 实现步骤

(1)新建文件。名称为"莲碧有鱼",宽度为 220 厘米,高度为 130 厘米,分辨率为 72 像素/英寸,颜色模式为 RGB 颜色(8 位)。

(2)将三幅图置入到"莲碧有鱼"中。选择【文件】→【置入嵌入的智能对象】命令(快捷键为 Alt+F+L),在打开的对话框中选择本章 4.1 节素材文件夹中的"左.jpg",单击【置入】按钮,双击置入图片上的"×"号,确认置入操作。按照上述方法,分别置入素材文件夹中的"中.jpg""右.jpg",置入完毕后的【图层】面板见图 4-2。

(3)制作灰色底图。单击工具箱中的前景色按钮,打开【拾色器(前景色)】对话框,在工具属性栏中设置属性【样本】为"所有图层",将鼠标光标移动至图像上,这时鼠标光标变成"吸管"形状,在图层右侧灰色区域拾取颜色,见图 4-3。在【图层】面板中选择背景层,使用前景色填充背景图层(快捷键为 Alt+Delete)。

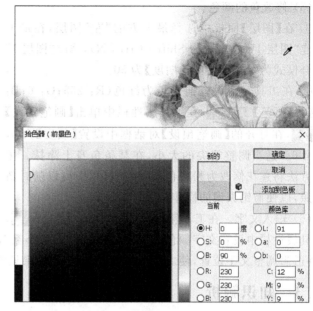

图 4-2   图 4-3

（4）设置图层混合模式为变暗。首先在【图层】面板中选择图层"左"，然后选择【图层混合模式】为"变暗"，见图 4-4，依次设置图层"右"和"中"的图层混合模式为"变暗"，效果见图 4-5。

图 4-4   图 4-5

(5) 修改鱼的颜色。

① 在【图层】面板中选择最上方的"左"图层,在最上方新建"图层 1"(快捷键为 Shift+Ctrl+N),修改"图层 1"的混合模式为"滤色",【不透明度】为 50。

② 在工具箱中设置前景色为红色(R:255;G:0;B:0),选择【画笔】工具 ，在工具属性栏中单击【画笔预设】按钮 ，在打开的【画笔预设】对话框中设置【硬度】为 0,见图 4-6。适当调整笔尖的大小,在某条鱼身上涂抹。用同样方法将莲花修改为粉红色,在涂抹过程中可以随时新建快照,以便撤销失误的操作。

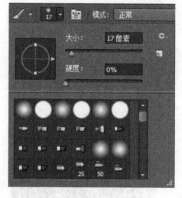

图 4-6

(6) 输入文字。在工具箱中选择【横排文字】工具 ，在工具属性栏中设置文字颜色为黑色,字体为"方正小篆",字号为 350。输入文字"莲碧有鱼"并适当调整文字位置,使之与画面协调,完成后效果见图 4-1。

4.1.3　知识解析

在 Photoshop 中图像可以分层放置,处理每一层图像时不会影响其他层。背景图层不能移动、删除、变形,在【图层】面板中双击背景层,可以将背景层转换为普通图层。文字图层和置入嵌入的智能对象通过栅格化都可以转换为普通图层。利用【图层】面板可以添加图层、删除图层、建立图层组、设置图层混合模式、添加图层蒙版、设置图层样式等,【图层】面板如图 4-7 所示。

图层混合模式将影响两个图层叠加后产生的效果,其中"基色"是指图像中的原稿颜色,是使用混合模式选项时两个图层中下面的那个图层;"混合色"是通过绘画或编辑工具应用的颜色,是使用混合模式选项时两个图层中上面的那个图层;"结果色"是混合模式结果后得到的颜色,是最后呈现的效果颜色,"结果色"与图层的不透明度设置也有关系,不同百分比的不同明度会影响"结果色"的呈现。图层混合模式的混合原理如下。

(1) 正常:默认模式,编辑或绘制每个像素,使其成为结果色。在"正常"模式下,"混合色"的显示与不透明度的设置有关。当【不透明度】为 100,即完全不透明时,"结果色"的像素将完全由所用的"混合色"代替;当【不透明度】小于 100 时,"混合色"的像素显示程度取决于不透明度的设置与"基色"的颜色。

(2) 溶解:根据像素的不透明度,结果色由基色或混合色的像素随机替换,当【不透明度】为 100 时,"溶解"模式不起任何作用。

(3) 变暗:查看每个通道中的颜色信息,并选择基色或混合色中较暗的颜色作为结果色,比混合色亮的像素被替换,比混合色暗的像素保持不变。

(4) 正片叠底:查看每个通道中的颜色信息,并将基色与混合色复合,结果色是较暗的颜色。任何颜色与黑色复合产生黑色,任何颜色与白色复合保持不变。当用黑色或白色以外的颜色绘画时,绘画工具绘制的连续描边产生逐渐变暗的颜色。

(5) 颜色加深:查看每个通道中的颜色信息,并通过增加对比度使基色变暗以反映混合色,与白色混合后不产生变化。

(6) 线性加深:查看每个通道中的颜色信息,并通过减小亮度使基色变暗以反映混合

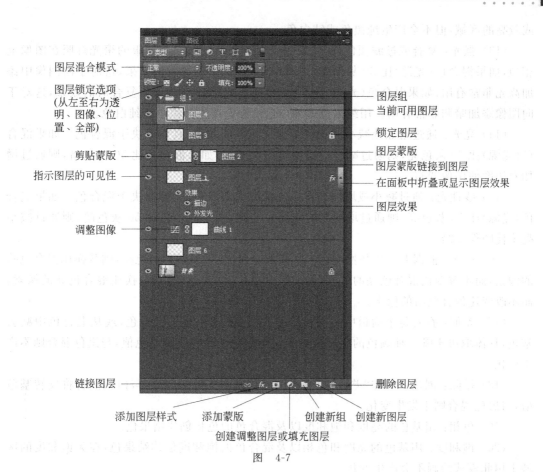

图层混合模式

图层锁定选项
(从左至右为透
明、图像、位
置、全部)

剪贴蒙版

指示图层的可见性

调整图像

链接图层

图层组
当前可用图层

锁定图层

图层蒙版
图层蒙版链接到图层
在面板中折叠或显示图层效果

图层效果

删除图层

添加图层样式　　添加蒙版　　　　创建新组　创建新图层

创建调整图层或填充图层

图　4-7

色,与白色混合后不产生变化。

(7) 变亮:查看每个通道中的颜色信息,并选择基色或混合色中较亮的颜色作为结果色。比混合色暗的像素被替换,比混合色亮的像素保持不变。

(8) 滤色:查看每个通道的颜色信息,并将混合色的互补色与基色复合,结果色总是较亮的颜色。用黑色过滤时颜色保持不变,用白色过滤将产生白色,此效果类似于多个摄影幻灯片在彼此之上投影。

(9) 颜色减淡:查看每个通道中的颜色信息,并通过减小对比度使基色变亮以反映混合色,与黑色混合则不发生变化。

(10) 线性减淡:查看每个通道中的颜色信息,并通过增加亮度使基色变亮以反映混合色,与黑色混合则不发生变化。

(11) 叠加:复合或过滤颜色,具体取决于基色。颜色在现有像素上叠加,同时保留基色的明暗对比,不替换基色,基色与混合色相混合产生一种中间色。基色比混合色暗的颜色使混合色颜色倍增,比混合色亮的颜色将使混合色颜色被遮盖,而图像内的高亮部分和阴影部分保持不变,因此对黑色或白色像素着色时"叠加"模式不起作用。

(12) 柔光:使颜色变暗或变亮,具体取决于混合色。此效果与发散的聚光灯照在图像上相似,如果混合色(光源)比 50 灰色亮,则图像变亮,就像被减淡了一样;如果混合色(光源)比 50 灰色暗,则图像变暗,就像被加深了一样。用纯黑色或纯白色绘画会产生明显较暗或较亮的区域,但不会产生纯黑色或纯白色。

(13) 强光:复合或过滤颜色,具体取决于混合色。此效果与耀眼的聚光灯照在图像上相似,如果混合色(光源)比 50 灰色亮,则图像变亮,就像过滤后的效果,这对于向图像中添加高光非常有用;如果混合色(光源)比 50 灰色暗,则图像变暗,就像复合后的效果,这对于向图像添加暗调非常有用。用纯黑色或纯白色绘画会产生纯黑色或纯白色。

(14) 亮光:通过增加或减小对比度来加深或减淡颜色,具体取决于混合色。如果混合色(光源)比 50 灰色亮,则通过减小对比度使图像变亮;如果混合色比 50 灰色暗,则通过增加对比度使图像变暗。

(15) 线性光:通过减小或增加亮度来加深或减淡颜色,具体取决于混合色。如果混合色(光源)比 50 灰色亮,则通过增加亮度使图像变亮;如果混合色比 50 灰色暗,则通过减小亮度使图像变暗。

(16) 点光:根据混合色替换颜色。如果混合色(光源)比 50 灰色亮,则替换比混合色暗的像素,而不改变比混合色亮的像素;如果混合色比 50 灰色暗,则替换比混合色亮的像素,而不改变比混合色暗的像素。

(17) 差值:查看每个通道中的颜色信息,并从基色中减去混合色,或从混合色中减去基色,具体取决于哪一种颜色的亮度值更大。与白色混合将反转基色值,与黑色混合则不产生变化。

(18) 排除:创建一种与"差值"模式相似但对比度更低的效果,与白色混合将反转基色值,与黑色混合则不发生变化。

(19) 色相:用基色的亮度和饱和度以及混合色的色相创建结果色。

(20) 饱和度:用基色的亮度和色相以及混合色的饱和度创建结果色,在无饱和度的区域上用此模式绘画不会产生变化。

(21) 颜色:用基色的亮度以及混合色的色相和饱和度创建结果色,这样可以保留图像中的灰阶,可用于给单色图像上色和给彩色图像着色。

(22) 亮度:用基色的色相和饱和度以及混合色的亮度创建结果色,此模式创建与"颜色"模式相反的效果。

将图 4-8 所示两幅图像放在两个图层里,其中由黑、灰、白三个色块构成的图像置于下层,调整上面图层的混合模式,效果如图 4-9 所示。

图 4-8

4.1.4　自主练习

练习一:沙海天使。

要求:利用提供的素材合成图像,如图 4-10 所示。

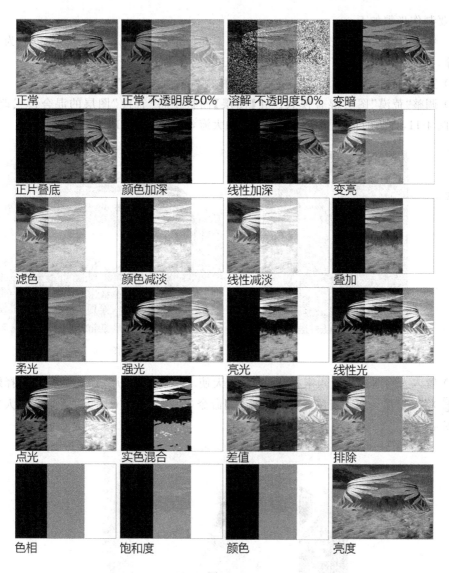

图 4-9

图 4-10

简要制作步骤如下：

（1）新建文件。名称"沙海天使"，宽度为 500 像素，高度为 375 像素，分辨率为 200 像素/英寸，文档背景为"白色"，颜色模式为 RGB 颜色（8 位）。

（2）置入素材。置入本章 4.1 节素材文件夹中的"荒漠.jpg"的素材文件。

（3）调整"荒漠"图层混合模式。在【图层】面板中将"荒漠"图层的混合模式改为"差值"，见图 4-11，昏暗的荒漠立即变成了蔚蓝的大海，效果见图 4-12。

混合模式 ——

图　4-11　　　　　　　　　　　　　　　图　4-12

（4）置入人物图像。置入素材文件中的"天使.jpg"素材图片，在工具箱中选择【移动】工具 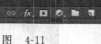，将人物移动到适当位置，使用【变形】命令（快捷键为 Ctrl＋T）适当调整人物的大小，见图 4-13。

图　4-13

（5）调整"天使"图层混合模式。在【图层】面板中将"天使"图层的混合模式改为"正片叠底"，然后选择【图像】→【调整】→【亮度/对比度】命令，在【亮度/对比度】对话框中设置参数，见图 4-14，单击【确定】按钮，完成后效果见图 4-10。

练习二：梦境。

要求：将图 4-15 和图 4-16 合成为一幅图像，效果见图 4-17。

（1）简要制作步骤。

① 打开本章 4.1 节素材文件夹中的"头像.jpg"文件。

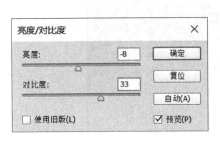

图　4-14

图　4-15

图　4-16

图　4-17

② 置入素材,并设置图层混合模式。置入素材文件夹中的"侏罗纪.jpg",适当调整大小,在【图层】面板中调整图层混合模式为"颜色加深",调整其不透明度为82%。

③ 复制侏罗纪层中部分图像。选中背景层,利用【魔棒】工具将人物头部的黑色部分变为选区,选中"侏罗纪"图层,复制图层(快捷键为 Ctrl＋J),得到"图层 1",在【图层】面板中调整"图层 1"混合模式为"差值",调整其不透明度为45%,见图 4-18。

④ 绘制星光。新建"图层 2",设置前景色为白色,选择【画笔】工具,笔尖形状为星形,在画布中适当位置添加星辰的效果,完成后效果见图 4-15。

图　4-18

(2) 能力提升:调整图层不同的混合模式,对比调整后的异同。

练习三:滤色效果。

要求:将本章 4.1 节素材文件夹中的"花神背景.jpg"和"花神 1.jpg",利用所学知识合成为一幅图像,效果见图 4-19。

图 4-19

简要制作步骤如下：

（1）打开"花神背景.jpg"文件，置入"花神 1.jpg"。

（2）调整人物图层混合模式为"滤色"，效果见图 4-19。

4.2 三折页宣传单

三折页宣传单是一种双面印刷的宣传品，经过两次折叠形成三个部分，每一面有三页，正反两面共有六页。制作时采用两个图形文件完成折页正面和反面的设计，成品见图 4-20。

图 4-20

4.2.1 知识要点

首先使用【新建参考线】命令，设置出血线和页面内容分割位置，然后创建图层组，分别在各个组中进行图片和文字的设计，最后完成三折页的制作。

4.2.2　实现步骤

（1）新建文件。选择【文件】→【新建】命令（快捷键为 Ctrl＋N），在打开的对话框中，参照图 4-21 的参数新建一个文件，名称为"三折页正面"。

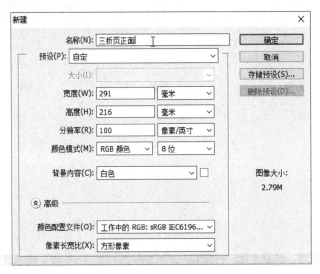

图　4-21

（2）设置出血和页面分割线。

① 设置单位。选择【编辑】→【首选项】→【单位与标尺】命令，打开其对话框，在【单位】选项组设置【标尺】为"厘米"，单击【确定】按钮。

② 建立垂直参考线。选择【视图】→【新建参考线】命令，设置【取向】为"垂直"、【位置】为 0.3 厘米，见图 4-22，单击【确定】按钮。依次再建立三条垂直参考线，设置【位置】为 9.8 厘米、19.3 厘米、28.8 厘米。

③ 建立水平参考线。选择【视图】→【新建参考线】命令，设置【取向】为"水平"、【位置】为 0.3 厘米，单击【确定】按钮。依次再建立一条水平参考线，设置【位置】为 21.3 厘米，见图 4-23。参考线标示了出血位置和封面、封底和页 1 的分割位置。

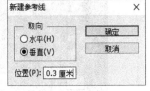

图　4-22

（3）建立文件副本。选择【图像】→【复制】命令，在打开的对话框中输入名称"三折页反面"，单击【确定】按钮。

（4）创建三个图层组。在标题栏激活"三折页正面"文件，在【图层】面板中选择【创建新组】按钮，双击"组 1"，将名称修改为"封面"。再次单击【创建新组】按钮，创建"组 2"和"组 3"，并分别命名为"封底"和"页 1"，见图 4-24。这样可以使每一页的内容都对应在一个图层组中，便于图层的修改管理。

（5）绘制水平参考线。选择【视图】→【新建参考线】命令，设置【取向】为"水平"、【位置】为 19.5 厘米。

（6）置入图片。选择【文件】→【置入嵌入的智能对象】命令（快捷键为 Alt＋F＋L），在

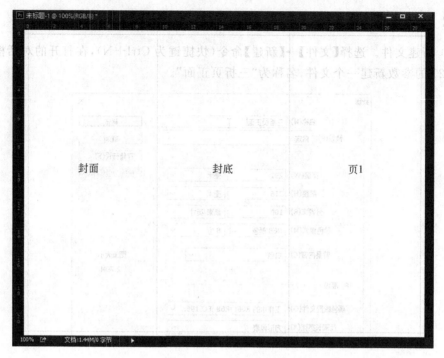

图 4-23

打开的对话框中选择本章 4.2 节素材文件夹中的"咖啡.jpg",单击【置入】按钮,适当调整图片大小和位置,双击置入图片上的叉号,确认置入操作,见图 4-25。

图 4-24

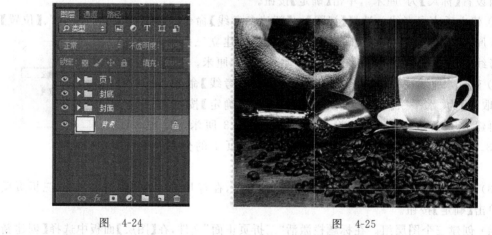

图 4-25

提示:在本案例中多次置入图片,方法相同,以下步骤中将省略对具体置入方法的介绍。

(7) 制作封面。

① 绘制"封面"底图。在【图层】面板中选择"封面"组,设置前景色为(R:51;G:22;B:9),在工具箱中选择【矩形】工具 ,在工具属性栏中设置【工具模式】为"形状",【描边】为"无" ,在画布的"封面"区域沿参考线绘制矩形,见图 4-26。

图　4-26

② 输入文字。文字的内容和效果见图 4-27,其中"咖啡"为直排文字,在工具箱中按下
【横排文字】工具 ,在弹出的快捷菜单中选择【直排文字】工具 ,见图 4-28,设置字体为
"迷你简卡通",字号为 100 点,字色为浅咖啡色(R:144;G:100;B:55)。在画布相应位置
单击,输入"咖啡",单击"提交所有当前编辑"按钮 。选择【横排文字】工具 ,输入"热咖
啡、冷咖啡",字体为"黑体",大小为 25 点;"中式咖啡、美式咖啡、巴式咖啡"字体为"迷你简
卡通",大小为 18 点,文字颜色为白色。

图　4-27

图　4-28

③ 绘制矩形线框。新建"图层 1"(快捷键为 Shift+Ctrl+N),设置前景色为浅咖啡色
(R:144;G:100;B:55),使用工具箱中的【矩形选框】工具 ,在如图 4-29 所示的位置绘
制矩形选框。选择【编辑】→【描边】命令,在打开的对话框中设置描边【宽度】为 2 像素,单击
【确定】按钮。再取消选择(快捷键为 Ctrl+D)。

④ 删除部分框线。使用工具箱中的【矩形选框】工具 在如图 4-30 所示的位置绘制矩
形选框,按下 Delete 键删除部分框线,再取消选择(快捷键为 Ctrl+D)。

图 4-29   图 4-30

⑤ 置入素材图片。置入本章 4.2 节的素材文件中的"图案.jpg",放置位置见图 4-31。

⑥ 制作一个波浪线。在工具箱中按住【矩形】工具 ，在弹出的快捷菜单中选择【自定形状】工具 ，见图 4-32。在工具属性栏中设置【工具模式】为"形状",在【形状】中选择"波浪" ，见图 4-33。在画布上画出一个波浪图形,见图 4-34,生成"形状 1"图层。

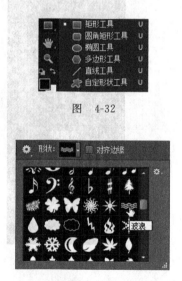

图 4-32

图 4-31   图 4-33

⑦ 制作多个波浪线。在工具属性栏中选择【移动】工具 ，按下 Alt 键,分三次使用鼠标在画布上向下拖移"波浪线"图形,生成三个"波浪线"副本。

⑧ 将四个波浪线摆放在合适位置。在【图层】面板中选择需要移动的波浪线所在图层,在画布上使用【移动】工具 将其移动到合适位置,见图 4-35。

图　4-34

图　4-35

(8) 制作封底。

① 输入文字。在【图层】面板中选择"封底"组,在工具箱中选择【横排文字】工具 T,在工具属性栏中设置字体为"汉真广标",大小为 18 点,字色为白色,在画布上单击,输入地址和联系方式,单击工具属性栏中的"提交所有当前编辑"按钮✓,见图 4-36。

② 设置文字居中对齐。选择【窗口】→【字符】命令,在打开的【字符】面板中选择【段落】选项卡,设置居中对齐文本,见图 4-37。使用【移动】工具 🕂 移动地址和电话文字,使其底端与参考线对齐,见图 4-36。

图　4-36

图　4-37

(9) 制作页 1。

① 在【图层】面板中选择"页 1"组,按下快捷键 D,然后再按下快捷键 X,设置前景色为

白色,使用工具箱中的【横排文字】工具, T.并输入文字"coffee"和"充满友谊欢乐的日子",位置见图 4-39。其中"coffee"字体为 exmouth,大小为 48 点;"充满友谊欢乐的日子"字体为"汉真广标",大小为 25 点。

② 选择【窗口】→【字符】命令,在打开的【字符】面板中设置"充满友谊欢乐的日子"字间距为 440,见图 4-38,效果见图 4-39。完成正面的制作,效果见图 4-40。

图 4-38

图 4-39

图 4-40

(10) 保存文件。保存为 psd 和 jpg 两种格式。

(11) 制作三折页反面,效果见图 4-41。

① 首先在标题栏激活步骤(3)中建立的副本"三折页反面",见图 4-42。

② 创建三个图层组。在【图层】面板中选择【创建新组】按钮 ,双击"组 1"并将名称修改为"页 2"。再次单击【创建新组】按钮 ,创建"组 2"和"组 3"并分别重命名为"页 3"和"页 4",见图 4-43。

图　4-41

图　4-42

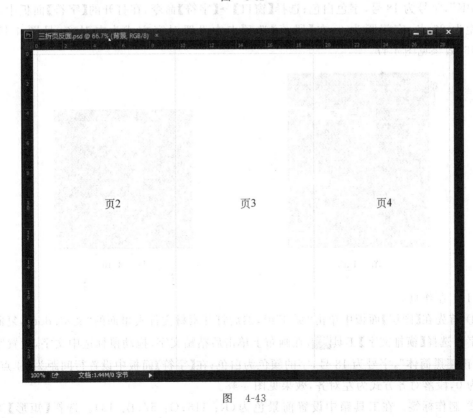

图　4-43

（12）制作页 2。

① 置入底图。首先在【图层】面板中单击"页 2"组,然后置入素材文件夹里面的"咖啡屋.jpg",双击图片中的叉号,确认置入操作,见图 4-44。

图　4-44

② 输入文字。首先打开素材文件夹里面的"文本.doc",复制相关文字。选择工具箱中的【横排文字】工具 **T** ,在画布上单击后粘贴文字。拖动鼠标选中文字,设置字体为"方正稚艺_GBK",字号为 18 号,字色白色;选择【窗口】→【字符】命令,在打开的【字符】面板中设置行间距为 26 点,字间距为 0;在【段落】选项卡中设置对齐方式为左对齐,见图 4-45 和图 4-46,效果见图 4-47。

图　4-45

图　4-46

（13）制作页 3。

① 首先在【图层】面板中单击"页 3"组,然后打开素材文件夹里面的"文本.doc",复制相关文字。选择【横排文字】工具 **T** ,在画布上单击后粘贴文字,拖动鼠标选中文字,设置字体为"方正正黑简体",字号为 18 号,字的颜色为白色;在【字符】面板中设置行间距为 24 点,字间距为 0,段落对齐方式为左对齐,效果见图 4-48。

② 制作标签。在工具箱中设置前景色为(R:116;G:57;B:18)。选择【矩形】工具

■,在工具属性栏中设置【工具模式】为"形状",【描边】为"无"██。在文字下方绘制矩形,使用【横排文字】工具██,在矩形上方输入文字"＄12.03 ＞＞"。使用鼠标选中文字,设置字体为 Broadway,字号为 17 点,字体颜色为白色,单击"提交所有当前编辑"按钮██,见图 4-49。

图　4-47　　　　　　　　　　图　4-48　　　　　　　　　　图　4-49

(14) 制作页 4。

① 置入木板图片。首先在【图层】面板中单击"页 4"组,置入素材文件夹中"木板.jpg",适当调整大小并占满页 4 的位置,见图 4-50。

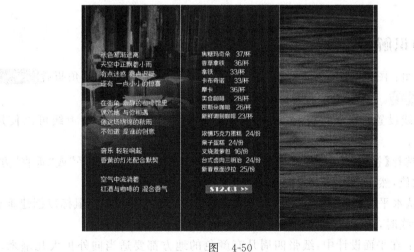

图　4-50

② 置入杯子、蛋糕图片。置入素材文件夹中的"杯子 1. png""杯子 2. png""蛋糕. png",使用【移动】工具██将其摆放在适当位置。

③ 同时选中两个杯子和蛋糕图层。在【图层】面板中选中杯子 1 所在图层,按下 Ctrl 键

并依次单击另一个杯子和蛋糕所在的两个图层,同时选中三个图层。

④ 设置三个图层元素的对齐方式。在工具箱中选择【移动】工具 ,在工具属性栏中依次选择"水平居中对齐" 和"垂直居中分布" ,工具属性栏见图 4-51,使三个图层元素水平方向精确对齐,并在垂直方向上间距相同,效果见图 4-52。

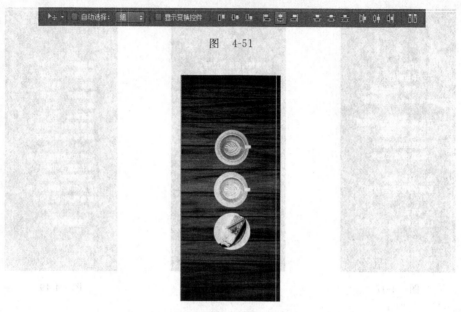

图　4-51

图　4-52

⑤ 置入其他素材。置入素材文件夹中的"咖啡 LOGO. png",移动到居中位置;置入"咖啡豆.png",移动到右上角位置;置入"排列咖啡豆.jpg",放置在图像最下方。完成后的效果见图 4-41。

4.2.3　知识解析

(1)图层组:图层组用来组织和管理图层,可以通过单击前面的三角折叠 ▶ 组1 来展开图层组 ▼ 组1 。

(2)参考线设置:选择【视图】→【标尺】命令,显示标尺。创建参考线可以使用两种方法。

方法 1:选择【视图】→【新建参考线】命令。在对话框中,选择"水平"或"垂直"方向,并输入位置的数值,然后单击【确定】按钮。

方法 2:从水平标尺拖动鼠标以创建水平参考线,从垂直标尺拖动鼠标以创建垂直参考线。拖动参考线时,指针变为双箭头,见图 4-53。

(3)出血:在平面设计中,纸张四周凡有颜色的地方都要适当向外扩大几毫米。在本例中使用的是大度 16 开,成品尺寸为 210 毫米×285 毫米,设置出血量为 3 毫米,制作稿需要做成 216 毫米×291 毫米,这样印刷厂在给成品切钢刀时会自动向内收 3 毫米,不会出现白边。

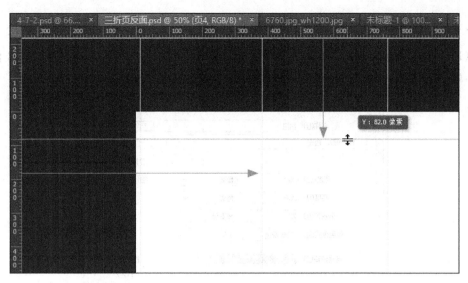

图　4-53

4.2.4　自主练习

要求：自己在网上寻找素材，为某中式餐厅设计一幅三折页宣传单。

4.3　水晶按钮

4.3.1　知识要点

使用【斜面和浮雕】功能制作按钮外框效果，使用【内阴影】制作按钮的凸起效果，利用白色矩形分割、变形功能，制作透明、晶莹的效果，利用【颜色叠加】制作不同颜色的按钮，效果见图 4-54。

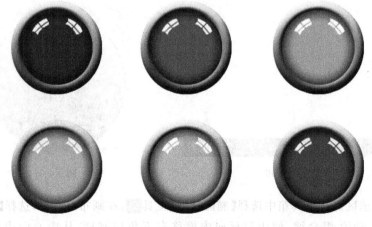

图　4-54

113

4.3.2 实现步骤

（1）新建文件。名称为"按钮"，宽度为 200 像素，高度为 200 像素，分辨率为 72 像素/英寸，颜色模式为 RGB 颜色（8 位），背景内容为"透明"，见图 4-55。

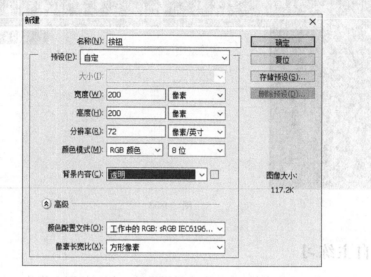

图 4-55

（2）在新图层绘制圆形。新建"图层 1"（快捷键为 Shift＋Ctrl＋N），在工具箱中选择【椭圆选框】工具，在工具属性栏中设置【样式】为"固定大小"，【宽度】为 180 像素，【高度】为 180 像素，见图 4-56。在画布上绘制圆形，并调整到画布中心位置。

（3）渐变填充。在工具箱中设置前景色为灰色（R：80；G：80；B：80），背景色为浅灰色（R：235；G：235；B：235）。使用【渐变】工具，在工具属性栏中选中【线性渐变】，单击【可编辑渐变】按钮，在打开的【渐变编辑器】对话框中选择"前景色到背景色渐变"，单击【确定】按钮。在选区内自上而下拖动鼠标填充圆形选区，填充方向和效果见图 4-57。

图 4-56   图 4-57

（4）缩小选区。在工具箱中选择【椭圆选框】工具，在画布上右击，选择【变换选区】命令，按住 Alt＋Shift 组合键，使用鼠标向内推移右下角控制柄，从中心向内缩小选框，见图 4-58，在变换区内双击确认变换操作。

（5）在新图层填充前景色。新建"图层 2"（快捷键为 Shift＋Ctrl＋N），按下 Alt＋Delete 组合键在新图层填充前景色，保持选区。

（6）制作圆环。在【图层】面板中选择"图层 1"，按下快捷键 Delete，删除小圆选区内容，取消选择（快捷键为 Ctrl＋D）。这样把"图层 1"做成环形，用于做按钮外框；"图层 2"为实填充的圆，用于做水晶按钮。【图层】面板和制作效果见图 4-59。

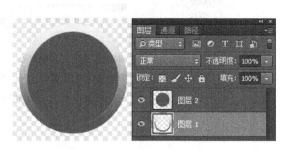

图　4-58　　　　　　　　　　　　　　图　4-59

（7）设置"图层 1"的图层样式。在【图层】面板中双击"图层 1"缩略图，在打开的【图层样式】对话框中选择【斜面和浮雕】选项，设置参数见图 4-60。

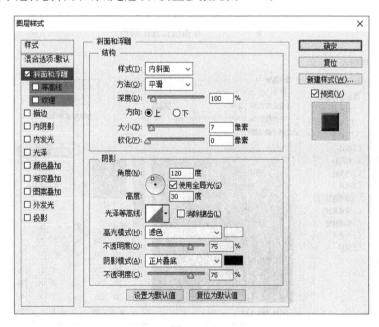

图　4-60

（8）设置"图层 2"图层样式。双击【图层】面板中"图层 2"缩略图，在打开的【图层样式】对话框中选择【内阴影】选项，设置参数见图 4-61；选择【颜色叠加】，在对话框中设置【混合模式】为"正常"，单击"设置叠加颜色"图标，设置颜色为（R：230；G：30；B：25），见图 4-62，单击【确定】按钮。

（9）制作右侧高亮反光区域。新建"图层 3"（快捷键为 Shift＋Ctrl＋N），在"图层 3"中

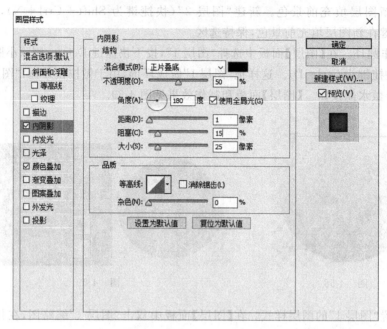

图 4-61

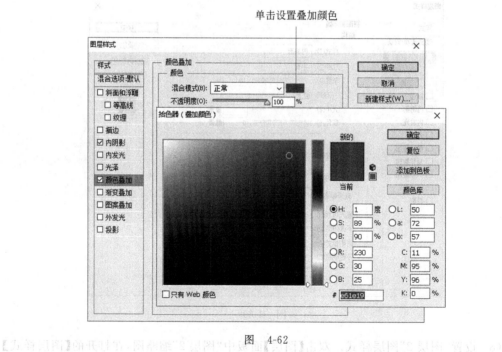

图 4-62

使用【矩形】工具 ▣ 绘制一个白色长方形。选择【橡皮擦】工具 ✐ ,设置笔尖【大小】为 3 像素,【硬度】为 100,【不透明度】为 100,【流量】为 100,见图 4-63,在白色矩形上进行横向和纵向擦除,将白色矩形分割为四小块,见图 4-64。

（10）对高亮反光区域变形。按下 Ctrl＋T 快捷键,适当调整长方形的大小和角度,见

图 4-63

图 4-65，在画布上右击并选择【变形】命令，拖动四个角部的控制柄，对长方形进行变形，单击右上角工具属性栏中的"√"按钮确认操作，效果见图 4-66。

图　4-64

图　4-65

（11）制作左侧高亮反光区。复制"图层 3"（快捷键为 Ctrl＋J），按下 Ctrl＋T 快捷键，适当旋转图形，按 Enter 键确认操作。使用【移动】工具将反光区移动到左侧，效果见图 4-67。

图　4-66

图　4-67

（12）保存为背景透明的文件。选择【文件】→【存储为 Web 所用格式】命令，在其对话框中设置【预设】为 png-24，选中"透明度"，单击【存储】按钮。

（13）改变按钮颜色。在【图层】面板中双击"图层 2"缩略图，在打开的【图层样式】对话框中选择【颜色叠加】选项，在其对话框中修改颜色，可以得到不同的颜色按钮。完成后效果见图 4-54。

4.3.3　知识解析

当利用【图层样式】制作按钮效果时，可以将设置好的图层样式保存，下次制作类似按钮时直接应用保存过的图层样式。

（1）保存图层样式：在【图层样式】对话框中单击【新建样式】按钮，见图 4-68，在打开的【新建样式】对话框中输入样式名称，例如 my，单击【确定】按钮。

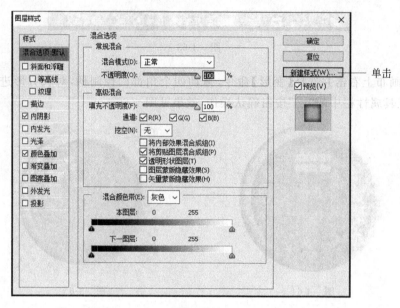

图　4-68

（2）应用已有的图层样式：在【图层】面板中选择准备实施图层样式的图层，选择【窗口】→【样式】命令，打开【样式】面板（见图 4-69）并单击刚保存的 my 样式。可以看到画布中该图层被赋予了图层样式，还可以利用系统提供的多种样式制作不同的按钮效果。

（3）追加图层样式：Photoshop 默认状态下，在【样式】面板中只有 20 种图层样式，可以单击【样式】面板右侧的按钮 ，在弹出的快捷菜单中单击需要追加的按钮样式，例如"玻璃按钮"，见图 4-70，在弹出的对话框中单击【追加】按钮，见图 4-71。

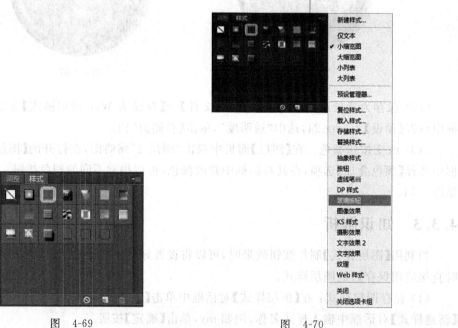

图　4-69　　　　　　　　　　　　图　4-70

图   4-71

4.3.4   自主练习

练习一：制作导航栏。

要求：利用 Photoshop 软件自带的图层样式生成水晶效果，见图 4-72。

简要制作步骤如下：

（1）新建文件。宽度为 160 像素、高度为 40 像素、分辨率为 72 像素/英寸、颜色模式为
RGB 颜色（8 位）。

（2）绘制金属外框。在工具箱中设置前景色为浅灰（R：230；G：230；B：230），背景色
为深灰色（R：150；G：150；B：150），在【渐变编辑器】中选择"前景色到背景色渐变"，使用
【渐变】工具，在画布从上向下拖拽鼠标，填充方向及效果见图 4-73。

图   4-72   图   4-73

（3）绘制凹槽路径。选择工具箱中的【圆角矩形】工具 ▢ ，在工具属性栏中选择"路
径"，设置【半径】为 10 像素，见图 4-74。在画布上绘制圆角矩形，效果见图 4-75。

图   4-74

（4）在新图层填充凹槽。新建"图层 1"（快捷键为 Shift＋Ctrl＋N）。单击【路径】面板
中的【将路径作为选区载入】按钮 ▣ （快捷键为 Ctrl＋Enter），将路径转化为选区。使用工
具箱中的【渐变】工具从下向上拖拽鼠标，填充方向及效果见图 4-76。

（5）收缩选区，并在新图层填充颜色。新建"图层 1"（快捷键为 Shift＋Ctrl＋N），选择
【选择】→【修改】→【收缩】命令，【收缩量】设置为 2 像素，按 Alt＋Delete 快捷键填充前景色，
见图 4-77。

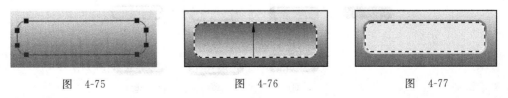

图   4-75   图   4-76   图   4-77

（6）制作水晶效果。首先利用"追加图层样式"的方法追加"Web 样式"，然后选择"图层

119

2"，依次选择【样式】面板→Web 样式→蓝色胶体，见图 4-78，效果见图 4-79。

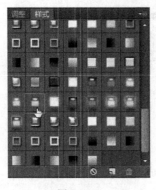

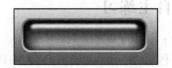

图 4-78　　　　　　　　　　　　　　　图 4-79

（7）输入文字。在画布上输入文字"动画欣赏"，在【图层样式】面板中选择【投影】，参数见图 4-80，效果见图 4-81。

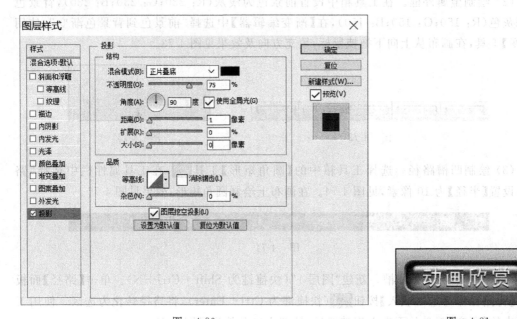

图 4-80　　　　　　　　　　　　　　　图 4-81

（8）利用相同的方法制作其他按钮，效果见图 4-73。

练习二：利用【样式】面板中的已有样式，尝试制作各种按钮效果，见图 4-82。

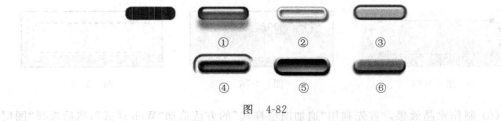

①　　　　②　　　　③

④　　　　⑤　　　　⑥

图 4-82

① 依次选择【样式】面板→Web 样式→带投影的蓝色凝胶。

② 依次选择【样式】面板→Web 样式→黄色回环。

③ 依次选择【样式】面板→Web 样式→冲压拉丝面金属。

④ 依次选择【样式】面板→按钮→彩虹。

⑤ 依次选择【样式】面板→按钮→圆凹槽。

⑥ 依次选择【样式】面板→按钮→内发光。

4.4　网页版登录对话框

4.4.1　知识要点

本节的案例主要在目前流行的扁平化风格的基础上增加了一些细微的图层样式,例如微高光、微渐变、微阴影效果等。利用【减淡】和【加深】工具　制作反光部分,利用【图层样式】制作对话框、按钮和输入框的立体效果,效果见图 4-83。

图　4-83

4.4.2　实现步骤

(1) 新建文件。名称为“按钮”,宽度为 700 像素,高度为 480 像素,分辨率为 96 像素/英寸,颜色模式为 RGB 颜色(8 位),背景内容为“白色”。

(2) 填充背景层。设置前景色为蓝色(R:0;G:107;B:163),按下 Alt+Delete 快捷键并用前景色填充画布。

(3) 绘制矩形。新建图层(快捷键为 Shift+Ctrl+N),名称为“对话框”。在工具箱中选择【矩形选框】工具　,在工具属性栏中设置参数(见图 4-84)。在画布上单击,绘制矩形,调整到适当位置,并使用前景色填充矩形,取消选择(快捷键为 Ctrl+D)。

图　4-84

121

（4）设置"对话框"图层的图形样式。在【图层】面板中双击"对话框"图层缩略图，在打开的【图层样式】对话框中选择【投影】选项，在其对话框中设置参数如图 4-85 所示；选择【描边】选项，在其对话框中设置【大小】为 1 像素，【位置】为"外部"，【颜色】为深蓝色（R：0；G：80；B：125），单击【确定】按钮。

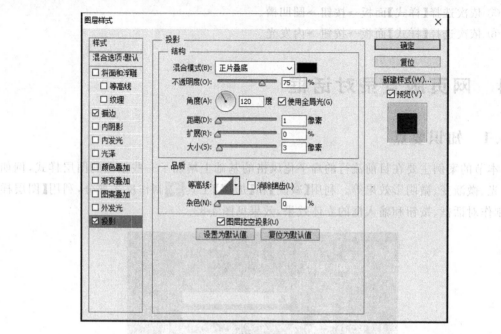

图　4-85

（5）减淡对话框上半部分。选择工具箱中的【减淡】工具 ，设置【大小】为 50 像素，【硬度】为 0，【曝光度】为 30，在矩形上半部分涂抹，使之颜色减淡，效果见图 4-86。

图　4-86

（6）绘制高亮反光边。

① 将矩形选区载入。按下 Ctrl 键，单击【图层】面板中"对话框"图层前面的缩略图，将"对话框"图层载入选区。

② 在新图层描边。新建图层（快捷键为 Shift＋Ctrl＋N），名称为"反光"。将前景色设置为淡蓝色（R：113；G：193；B：237），选择【编辑】→【描边】命令，在打开的对话框中设置【宽度】为 2 像素，【位置】为"居内"，单击【确定】按钮。取消选择（快捷键为 Ctrl＋D）。

③ 制作反光效果。在制作反光效果之前,首先在【历史记录】面板中新建快照 1,以便将来撤销操作,见图 4-87。使用工具箱中的【减淡】工具和【加深】工具分别涂抹"反光"层的框线,见图 4-88。

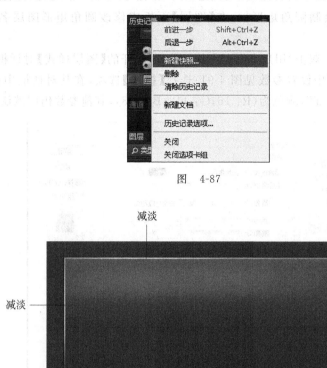

图　4-87

图　4-88

(7) 绘制分割线。新建图层(快捷键为 Shift+Ctrl+N),名称为"直线",设置前景色为淡蓝色(R：113;G：193;B：237)。使用工具箱中的【直线】工具,见图 4-89,设置【工具模式】为"像素",【宽度】为 0.035 厘米,在画布上绘制直线。使用工具箱中的【橡皮擦】工具,设置不透明度为 50,擦拭直线两端,效果见图 4-90。

图　4-89　　　　　　　　　　　图　4-90

(8) 绘制"用户名"输入框。

① 绘制圆角矩形。按下快捷键 D,再按下快捷键 X,设置前景色为白色,在工具箱中选择【圆角矩形】工具 ,在工具属性栏中设置【工具模式】为"形状",【半径】为 4 像素,【描边】为"无" ,在画布上绘制圆角矩形框,在【图层】面板中修改圆角矩形图层名称为"用户名"。

② 添加图层样式。双击"用户名"图层缩略图,在打开的【图层样式】对话框中选择【内阴影】选项,在其对话框中设置参数见图 4-91;选择【描边】选项,在其对话框中设置【大小】为 1 像素,【位置】为"外部",颜色为(R:16;G:112;B:108),其他参数仍用默认值。

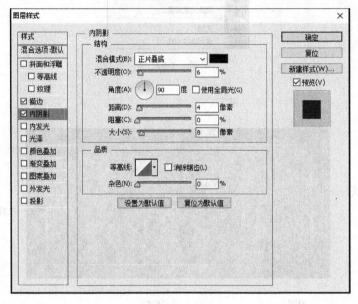

图　4-91

(9) 制作"密码"输入框。复制"用户名"图层(快捷键为 Ctrl+J),调整到合适位置,效果见图 4-92。

图　4-92

(10) 书写"用户登录"文字。

① 输入文字。使用【横排文字】工具 ,设置字体为"微软雅黑",字号为 22 号,字色为浅灰色(R:230;G:230;B:230)。在画布上输入"用户登录",位置见图 4-93。

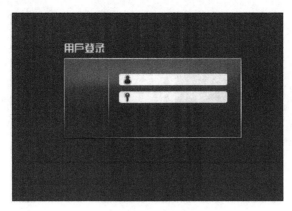

图 4-93

② 添加图层样式。在【图层】面板中双击"用户登录"文字图层缩略图，在打开的【图层样式】对话框中选择【内阴影】选项，设置【距离】为 1 像素，【大小】为 1 像素，【阻塞】为 0 像素，其他参数仍用默认值；选择【投影】选项，设置【距离】为 1 像素，【大小】为 1 像素，【扩展】为 0，其他参数仍用默认值。

（11）书写"用户注册"和"忘记密码"文字。

① 输入文字。选择工具箱中的【横排文字】工具 T，设置字体为"汉真广标"，字号为22 号，字色为白色，在如图 4-94 所示位置书写"用户注册"文字。

② 添加下划线。选择【窗口】→【字符】命令，在打开的【字符】面板中选择【字符】选项卡，设置下划线，见图 4-94。

③ 用同样的方法输入"忘记密码"文字，制作效果见图 4-95。

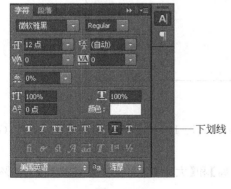

图 4-94

图 4-95

（12）绘制"登录"按钮。在工具箱中选择【矩形】工具 ，在工具属性栏中设置【工具模式】为"形状"，【描边】为"无" ，在"忘记密码"右侧绘制矩形，位置如图 4-96 所示。在【图层】面板中修改其图层名称为"按钮"。双击"按钮"图层缩略图，在打开的【图层样式】对话框中分别做如下设置。

① 设置【描边】效果，【大小】为 1 像素，【位置】为"外部"，【颜色】值为"R：16；G：112；B：108"，其他参数仍用默认值。

② 设置【内阴影】效果，参数见图 4-97。

125

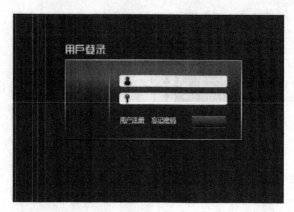

图 4-96

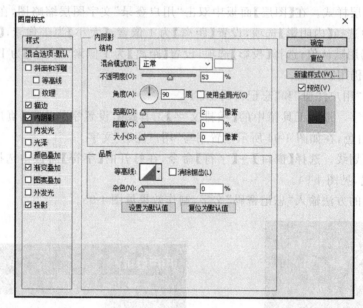

图 4-97

③ 设置【渐变叠加】效果,渐变色为淡蓝色(R：55；G：160；B：210)到深蓝色(R：8；G：100；B：140)的渐变。

④ 设置【投影】效果,【不透明度】为 62%,【距离】和【大小】都为 1 像素,【扩展】为 1%,其他参数仍用默认值。

(13) 书写"登录"文字。选择工具箱中的【横排文字】工具 T,设置字体为"微软雅黑",字号为 22 号,字色为白色,在"登录"按钮上书写"登录"。在【图层】面板中的"用户登录"图层上右击,选择【拷贝图层样式】命令;在"登录"文字图层右击,选择【粘贴图层样式】命令,效果见图 4-98。

(14) 置入 logo 和小图标,并保存文件。置入素材文件夹中的公司 Logo,摆放在对话框左侧,分别将"用户名.png"和"密码.png"文件置入,摆放"用户名"输入框和"密码"输入框位置,将文件分别保存为 psd 和 jpg 格式文件,完成后效果见图 4-83。

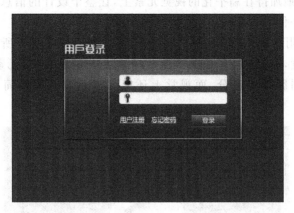

图　4-98

4.4.3　知识解析

（1）扁平化设计

扁平化设计是一种极简主义的美术设计风格，通过简单的图形、字体和颜色的组合，来达到直观、简洁的设计目的。扁平化设计风格比较常见于传统媒体，比如杂志、公交指示牌等。随着计算机网络技术的发展，扁平化设计风格越来越多地应用于软件、网站等人机交互界面，以满足使用者对信息快速阅读和吸收的要求。与扁平化设计风格相对的是偏向写实的拟物化设计风格。

扁平化最核心的地方就是放弃一切装饰效果，诸如阴影、透视、纹理、渐变等。所有的元素的边界都干净利落，见图 4-99。尤其在手机上，更少的装饰使得界面干净整齐，更加简单直接地将信息和事物的工作方式展示出来，减少认知障碍的产生。

图　4-99

对于扁平化的定义，依然没有一个固定范式，但概括起来有下面四个特征。

① 没有多余的效果，例如投影、凹凸或渐变等。

② 使用简洁风格的元素和图标。

③ 大胆丰富且明亮的配色风格。

④ 尽量减少装饰的极简设计。

（2）扁平化设计新趋势

扁平化大胆的用色，简洁明快的界面风格一度让大家耳目一新，然而随着扁平化应用的日益普及，人们也发现扁平化设计带来的不方便，例如交互不够明显，按钮难以找到，视觉单调等。为了具有更好的适应性，在扁平化设计同时，设计师会运用一些细微的效果例如高光、渐变、阴影,轻量地加持在扁平化的视觉元素上,让整个设计的信息量更加丰富,目前业内称这种设计为扁平化 2.0 风格。

① 微阴影。微阴影就是极其微弱的投影,这是一种几乎不被人所立刻察觉的投影,它可以增加元素的深度,使其从背景中脱颖而出,引起用户的注意,当元素与背景有着同样的颜色,可以通过微阴影加以区分,而视觉上还能保持色调一致的简洁性,见图 4-100 和图 4-101。

图 4-100

图 4-101

② 虚化按钮。虚化按钮的形状非常简单,仅仅是一个矩形或一个圆角矩形的边框,内部为透明,看上去若有若无。虚化按钮通常会设计得比普通的按钮略大,浮动于大图背景、视频的上方。为了让按钮获得聚焦,通常虚化按钮会位于比较显眼的位置,例如屏幕的中间。虚化按钮的边框颜色通常为黑或白,与虚化按钮搭配的也多半是无衬线的字体,例如黑体、微软雅黑等,见图 4-102 和图 4-103。

③ 圆角图形。扁平化中圆角图形的元素主要应用于按钮,由于圆形很好地模拟了手指印,因此一个圆形的存在看似就是一个可触的地方,使用一些圆角图案(见图 4-104)不但会使设计更具亲和力,也会让使用者更容易接受设计者的设计意图,引起用户单击的欲望。由于圆形本身的特殊性,使它极易从背景中分离出来,见图 4-105。

图 4-102

图 4-103

图 4-104

图 4-105

（3）扁平化设计注意事项

① 排版。排版的目的在于帮助用户理解设计，因为扁平化设计要求元素更简单，排版的重要性就更为突出。字体的大小应该匹配整体设计，字体选择上建议使用简单的无衬线字体，比如 Helvetica 或黑体，通过字体大小和比重来区分元素标签。按钮等其他元素的设计需增强易用性和交互性，见图 4-106。

图　4-106

② 色彩。色彩的使用对于扁平化设计来说非常重要。扁平化设计的网站，在应用色彩方面比非扁平化设计的网站明显要更加鲜艳、明亮，见图 4-107。

4.4.4　自主练习

要求：用画中画效果制作登录窗口，效果见图 4-108。

图　4-107　　　　　　　　　　　　图　4-108

简要制作步骤如下：

（1）打开本章 4.4 节素材文件夹中的"画中画素材.jpg"。

（2）框选需要制作为对话框的矩形区域。在工具箱中选择【矩形选框】工具，在图片上绘制一个矩形选区。

（3）复制选区内容到新图层。按 Ctrl＋J 快捷键复制选区内容到"图层 1"。

（4）设置"图层 1"图层样式。设置【投影】和【描边】效果，参数值见图 4-109 和图 4-110。

（5）高斯模糊背景图层。在【图层】面板中选择背景图层，选择【菜单】→【滤镜】→【模

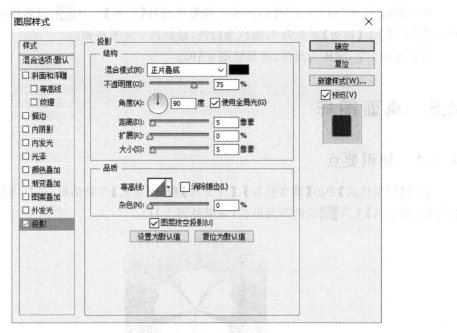

图　4-109

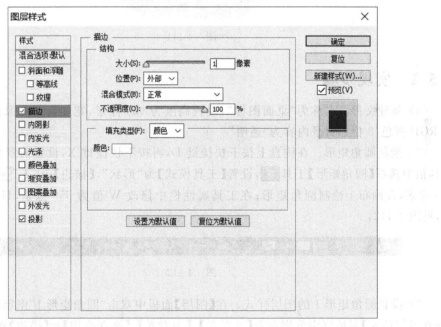

图　4-110

糊】→【高斯模糊】命令,半径设为 1.3。

(6)绘制"用户名"和"密码"输入框。设置前景色为白色,在工具箱中选中【圆角矩形】工具 ■,设置模式为形状,【描边】宽度为 3,颜色为"R：127；G：97；B：63",绘制圆角矩形输入框,在【图层】面板中设置这两个图层的【不透明度】为 72%。

131

（7）绘制"注册"和"登录"按钮。在工具箱中选择【矩形】工具 ▣ ，设置模式为"形状"，填充为"无" ⃠ ，【描边】宽度为 3，颜色为白色，绘制两个矩形按钮。

（8）添加文字，字体为黑体，效果见图 4-108。

4.5　桌面图标

4.5.1　知识要点

利用【图层样式】中的【渐变叠加】、【外发光】和【内发光】等对话框，进行图层样式设置，使用【自定形状】工具 ▦ 绘制图案形状，效果见图 4-111。

图　4-111

4.5.2　实现步骤

（1）新建文件。名称为"桌面图标"，设置高度为 600 像素，宽度为 600 像素，颜色模式为 RGB 颜色（8 位），背景内容为"透明"。

（2）绘制圆角矩形。在键盘上按下快捷键 D，再按下快捷键 X，设置前景色为白色；在工具箱中选择【圆角矩形】工具 ▣ ，设置【工具模式】为"形状"，【描边】为"无" ⃠ ，【半径】为 100 像素，在画布上绘制圆角矩形；在工具属性栏中修改 W 值为 550 像素，H 值为 550 像素，见图 4-112。

图　4-112

（3）设置圆角矩形 1 的图层样式。在【图层】面板中双击"圆角矩形 1"图层缩略图，在打开的【图层样式】对话框中分别设置【外发光】、【内发光】、【渐变叠加】和【描边】效果。

① 外发光：【不透明度】为 45%，颜色为黑色（R：0；G：0；B：0），【大小】为 5 像素，见图 4-113。

② 内发光：【不透明度】为 45%，颜色为绿色（R：0；G：132；B：50），【大小】为 5 像素，见图 4-114。

③ 渐变叠加：【样式】为"线性"，【角度】为 90 度，【渐变】颜色为：左（R：132；G：189；B：

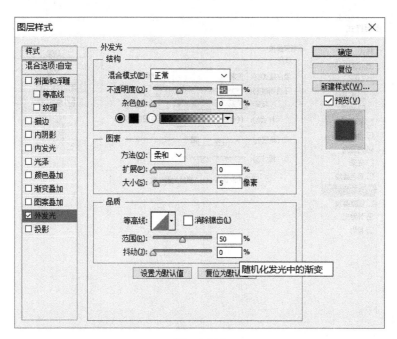

图　4-113

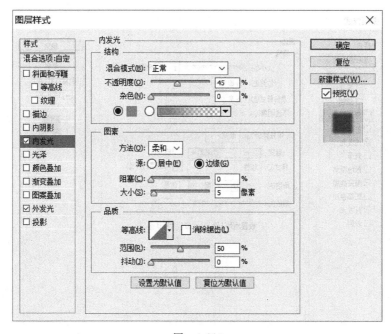

图　4-114

25)、中(R：7；G：96；B：24)、右(R：132；G：189；B：25)，见图 4-115。

④ 描边：【大小】为 1 像素，【填充类型】为"渐变"，【角度】为 0 度，【渐变】颜色为：左(R：128；G：199；B：4)、中(R：255；G：255；B：255)、右(R：42；G：115；B：9)，见图 4-116。

(4) 绘制图案。在工具箱中设置前景色为白色，选择【自定形状】工具 ![icon]，在工具属性

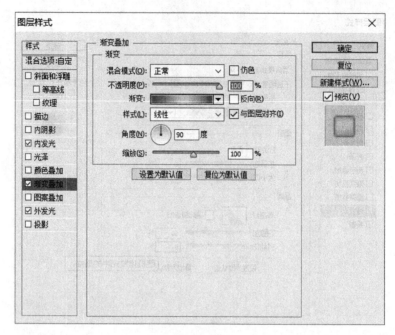

图　4-115

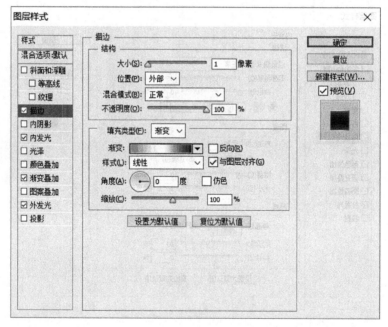

图　4-116

栏中设置【工具模式】为"形状",在【形状】中选择"花 4" ❋,在画布上画出图形,见图 4-117,
生成"形状 1"图层。

（5）为图案增加立体感。在【图层】面板中双击"形状 1"图层缩略图,在打开的【图层样
式】对话框中选择【内阴影】选项,参数值见图 4-118,效果见图 4-119。

图 4-117

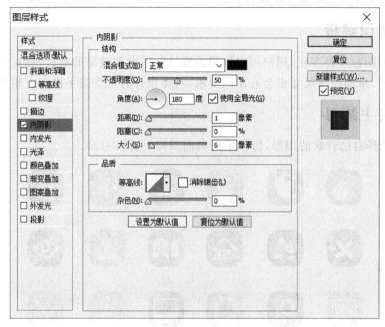

图 4-118

图 4-119

（6）添加高光效果。

① 载入选区。按住 Ctrl 键，在【图层】面板中单击"圆角矩形 1"前面的缩略图，将圆角

矩形区域载入选区。

② 绘制交叉选区。在工具箱中选择【椭圆选框】工具，并选中工具属性栏中的"与选区交叉"按钮，在画布上从左上角向右上角拖动鼠标，绘制如图 4-120 所示的形状。

③ 在新图层上制作高光效果。保持选区的情况下，在"形状 1"上方新建"图层 1"（快捷键为 Shift＋Ctrl＋N），用白色填充选区（快捷键为 Alt＋Delete），在【图层】面板中将"图层 1"的【图层混合模式】修改为"柔光"，取消选择（快捷键为 Ctrl＋D），效果见图 4-111。

图 4-120

（7）保存文件为 psd 和 png 两种格式。

4.5.3 知识解析

手机桌面图标多种多样，用户可以根据需要进行图案和效果的设计，针对不同手机的操作系统和型号，桌面图标尺寸也会有不同要求，具体设计时可查阅手机官方相关文件。

4.5.4 自主练习

要求：选择自己喜欢的图形，仿作手机桌面图标，见图 4-121。

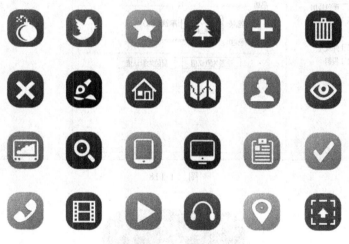

图 4-121

4.6 制作手机 APP 界面

4.6.1 知识要点

使用【矩形】工具和【圆角矩形】工具绘制基本形状，使用【图层样式】产生立体效果，使用对齐命令将形状沿垂直和水平方向对齐，并居中分布，效果见图 4-122。

图　4-122

4.6.2　实现步骤

（1）新建文件。名称为"手机界面"，宽度为 1920 像素，高度为 1136 像素，分辨率为 72 像素/英寸，颜色模式为 RGB 颜色（8 位）。下面将在画布中制作登录页、主页和内容页三个页面。

（2）填充背景图层。在工具箱中设置前景色为♯efe8cc，使用前景色填充画布（快捷键为 Alt＋Delete）。

（3）绘制参考线。

① 修改单位。首先选择【编辑】→【首选项】→【单位与标尺】命令，打开其对话框，在【单位】选项组设置【标尺】为"像素"，单击【确定】按钮。

② 建立垂直参考线。选择【视图】→【新建参考线】命令，设置【取向】为"垂直"，【位置】为 640 像素，单击【确定】按钮；按上述方法新建 4 条垂直参考线，位置分别为 100 像素、540 像素、1280 像素和 1495 像素。

③ 建立水平参考线。按上述方法新建 5 条横向参考线，设置【取向】为"水平"，位置分别为 40 像素、128 像素、490 像素、1020 像素和 1040 像素，见图 4-123。

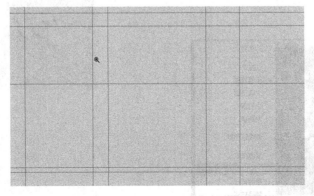

图　4-123

提示：【显示/隐藏参考线】的快捷键为 Ctrl+H。

（4）新建三个图层组。在【图层】面板中单击下方的【创建新组】按钮 📁 3 次。将新建的组分别命名为登录页、内容页、主页，见图 4-124。

（5）制作登录页。

① 绘制蓝绿色矩形框。在【图层】面板中选择"登录页"组，在工具箱设置前景色为♯81d9db，选择【矩形】工具 ▢，在工具属性栏中设置【工具模式】为"形状" 形状▾，【描边】为"无" 🔲。在画布上绘制一个矩形，位置见图 4-125。

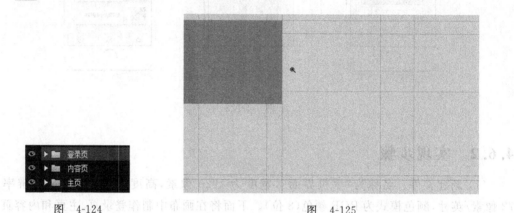

图 4-124   图 4-125

② 制作 PS 文字图标。

- 输入文字。选择工具箱中的【横排文字】工具 T，设置字体为 Pump Demi Bold LET，字号为 249 点，输入字母 PS，单击工具属性栏中的【提交所有当前编辑】按钮 ✓。

- 载入图层样式。选择【窗口】→【样式】命令，在打开的【样式】面板中单击右上角的 ☰ 按钮，在弹出的快捷菜单中选择【载入样式】命令，见图 4-126，打开【载入样式】对话框，在其中选择本章 4.6 节素材文件夹中的 LIQUID CHROME. asl 文件，单击【载入】按钮。

- 添加图层样式。在【样式】面板中单击载入的 LIQUID 样式 🔲，效果见图 4-127。

图 4-126   图 4-127

③ 输入文字"感受设计的力量"。选择【横排文字】工具 T ,设置字体为"德彪钢笔行书",字号为 22,字色为深绿色♯467373,在画布上输入文字。按下 Ctrl+T 快捷键进入【自由变换】命令,按住 Ctrl 键将文字稍微拉长并进行变形和旋转,按 Enter 键确认变形操作,效果见图 4-128。

④ 绘制三个矩形。在工具箱中设置前景色为白色,选择【矩形】工具 ,在工具属性栏中设置【工具模式】为"形状" 形状 ,【描边】为"无" 。在画布上绘制三个矩形,位置见图 4-129,在【图层】面板分别修改三个图层的名称为"矩形上""矩形中"和"矩形下"。

图　4-128　　　　　　　　　　　　　图　4-129

⑤ 制作"矩形上"图层样式。在【图层】面板中双击"矩形上"图层缩略图,在打开的【图层样式】中设置【斜面和浮雕】和【描边】效果,其中【描边】选项的参数【大小】为 1 像素,【位置】为"外部",【颜色】为♯6d6d6d;【斜面和浮雕】选项参数设置见图 4-130,单击【确定】按钮。

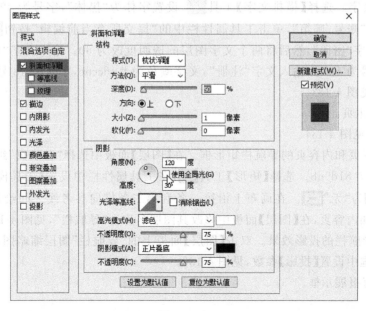

图　4-130

139

⑥ 复制并粘贴图层样式。在【图层】面板中的"矩形上"图层上右击,在弹出的快捷菜单中选择【拷贝图层样式】命令,见图 4-131。分别在"矩形中"和"矩形下"图层上右击,选择【粘贴图层样式】命令。

⑦ 修改图层样式。在【图层】面板中双击"矩形中"图层缩略图,在打开的【图层样式】中增加【颜色叠加】效果,设置叠加颜色为♯efa0a2;同样修改"矩形下"图层的【图层样式】,增加【颜色叠加】效果,设置叠加颜色为♯efe8cc,效果见图 4-132。

⑧ 绘制分割线。设置前景色为♯efe8cc,在工具箱中选择【直线】工具 ，在工具属性栏中设置【工具模式】为"形状" ，在【图层】面板中选择"矩形上",在画布上绘制一条直线,使其位于最上面白色矩形的中央,见图 4-132。

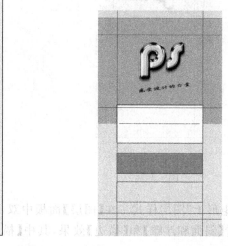

图 4-131　　　　　　　　　　　　　图 4-132

⑨ 输入文字。选择【横排文字】工具 ，设置字体为"黑体",字号为 30 点,颜色为♯928688。输入"账号/邮箱",单击工具属性栏中的"提交所有当前编辑"按钮 。利用同样的方法输入文字"密码",然后将两个文字图层的透明度改为 60。输入文字"登录",文字颜色为白色,字号为 48 号;输入文字"注册",文字颜色为♯edcc6e,字号为 48 号,完成登录页的制作,效果见图 4-133。

(6) 制作主页。

主页效果见图 4-134。

① 制作主页和内容页的导航栏矩形框。在【图层】面板中选择"登录页"组,在工具箱中设置前景色为♯81d9db。选择【矩形】工具 ,在工具属性栏中设置【工具模式】为"形状" ,【描边】为"无" 。在画布上沿第一条和第二条横向参考线之间绘制一个长条矩形,横穿主页和内容页,在【图层】面板中修改其图层名称为"导航栏",见图 4-135。

② 制作导航栏的投影效果。双击【图层】面板上的"导航栏"图层缩略图,在打开的【图层样式】对话框中设置【投影】参数,见图 4-136。

③ 制作海报展示框。

140

图 4-133

图 4-134

图 4-135

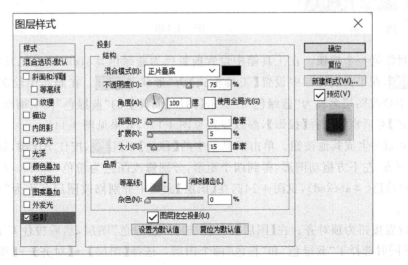

图 4-136

141

- 绘制矩形。在工具箱中选择【矩形】工具 ▢，在工具属性栏中设置【工具模式】为"形状" 形状 ↕，【描边】为"无" ⊿，在第二条参考线和第三条参考线之间绘制一个矩形。在【图层】面板中修改图层名称为"海报框"。
- 栅格化图层。在"海报框"图层空白处右击，选择【栅格化图层】命令，将图层转换为普通图层，见图 4-137。
- 设置图层样式。在【图层】面板中双击"海报框"图层缩略图，在打开的【图层样式】对话框中选择【描边】选项，设置【大小】为 1 像素，【位置】为"内部"，颜色为♯6d6d6d，单击【确定】按钮。

④ 嵌入海报图片。置入素材文件夹中的"比赛海报.jpg"，在【图层】面板中调整图层顺序，使"比赛海报"图层位于"海报框"图层上方。在"比赛海报"图层上右击，选择【创建剪贴蒙版】命令，在画布上适当调整海报图片的位置和大小，效果见图 4-138。

⑤ 制作按钮区域的矩形底图。在工具箱中选择【圆角矩形】工具 ▢，在工具属性栏中设置【工具模式】为"形状" 形状 ↕，【描边】为"无" ⊿，【半径】为 10 像素，在第三条和第四条水平参考线之间制作一个白色圆角矩形，见图 4-139。

图　4-137　　　　　　　　图　4-138　　　　　　　　图　4-139

⑥ 制作第一个按钮。在工具箱中设置前景色为蓝绿色♯81d9db，在工具箱中选择【矩形】工具 ▢，在工具属性栏中设置【工具模式】为"形状" 形状 ↕。在画布中绘制矩形，在【图层】面板中修改图层名称为"蓝绿色"。双击【图层】面板上的"蓝绿色"图层缩略图，在打开的【图层样式】对话框中选择【投影】，参数设置见图 4-140，效果见图 4-141。

⑦ 复制并生成其他按钮。单击工具箱中的【移动】工具 ♣，按住 Alt 键，使用鼠标分别向右方、下方、左下方拖动图形，得到四个矩形，分别修改颜色为粉色(♯efa0a2)、淡黄色(♯edcc6e)和蓝色(♯a6c2ed)，见图 4-142，在【图层】面板中分别修改图层名称为"粉色""黄色"和"蓝色"。

⑧ 设置按钮为顶对齐。在【图层】面板中选择"蓝绿色"图层，然后按住 Ctrl 键选择"粉色"，这样同时选择了"蓝绿色"和"粉色"两个图层。选择【图层】→【对齐】→【顶边】命令，将上方的两个色块顶对齐；用同样方法，将"黄色""蓝色"两个图层设置为顶对齐。

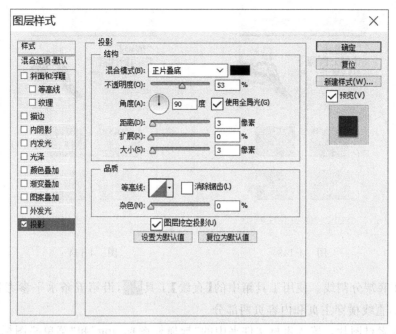

图　4-140

图　4-141

图　4-142

⑨ 设置按钮为左对齐。在【图层】面板中同时选择"蓝绿色"和"黄色"图层,选择【图层】→【对齐】→【左边】命令,将左侧的两个色块左对齐;用同样的方法,将"粉色""蓝色"两个图层设置为左对齐,效果见图 4-143。

⑩ 书写文字和调整位置。选择工具箱中的【横排文字】工具 ![T], 在工具属性栏中设置字体为黑体,颜色为"白色",字号为 30 点。在画布上输入文字"视频教程",单击工具属性栏中的"提交所有当前编辑"按钮 ✓。参照图 4-144 在其他三个按钮上分别书写文字,使用【移动】工具 ![将文字调整到合适的位置,效果见图 4-144。

图 4-143　　　　　　　　　　图 4-144

⑪ 制作底端分割线。使用工具箱中的【直线】工具 ，沿第五条水平参考线绘制一条浅灰色直线，直线横穿主页和内容页两部分。

⑫ 置入素材图片。置入素材文件夹中的"导航栏图标.jpg"和"菜单栏图标.jpg"，将置入的图片分别排放在上方导航栏和底部位置，主页完成效果见图 4-134。

（7）制作内容页。

内容页的效果见图 4-145。

① 制作白色圆角矩形搜索框。在【图层】面板中选择"内容页"图层组。在工具箱中设置前景色为白色，选择【圆角矩形】工具，在工具属性栏中设置【工具模式】为"形状"，【半径】为 2 像素，在图像中搜索框位置绘制白色圆角矩形，效果见图 4-146。

图 4-145　　　　　　　　　　图 4-146

② 制作一个文章列表矩形框。在工具箱中选择【矩形】工具，设置前景色为白色。在画布上绘制一个矩形，在【图层】面板中修改图层名称为"文章 1"。双击"文章 1"图层缩略图，在打开的【图层样式】对话框中设置参数如图 4-147 所示，效果见图 4-148。

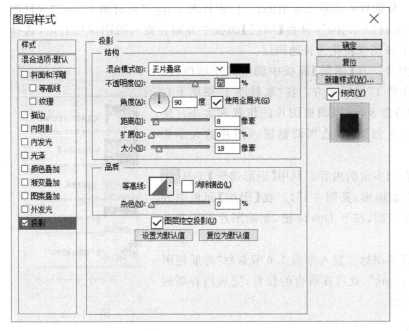

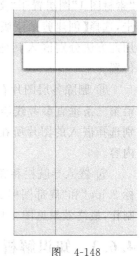

图　4-147　　　　　　　　　　　　　　　　　　　　　　图　4-148

③ 复制 4 个文章列表矩形框。在工具箱中选择【移动】工具，按住 Alt 键，使用鼠标分四次向下方拖拽白色长条矩形，复制 4 个矩形框，并适当调整 4 个矩形框的位置。

提示：首先在【图层】面板中选择需要调整的矩形框所在图层，然后使用【移动】工具移动其到合适位置。

④ 对齐五个矩形。在【图层】面板中同时选择五个矩形图层，在工具属性栏中分别选择"左对齐"和"垂直居中分布"，效果见图 4-149。

⑤ 书写文字。单击工具箱中的【横排文字】工具，在【编辑栏】设置字体为"黑体"，字号为 36 点，颜色为 ♯252525，在五个白色矩形上书写文字，效果见图 4-150。

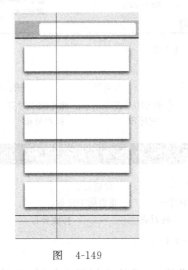

图　4-149　　　　　　　　　　　　　　图　4-150

145

⑥ 置入五张图片。分别置入本章 4.6 节的素材"素材图 1.jpg""素材图 2.jpg""素材图 3.jpg""素材图 4.jpg""素材图 5.jpg",并在【图层】面板中分别在置入的图像层右击,选择【栅格化图层】,依次将五张图像转化为普通图层。

⑦ 在矩形内嵌入图片。在【图层】面板中调整图层顺序,使"素材图 1"图层置于"文章 1"图层上方。在"素材图 1"图层上右击,选择【创建剪贴蒙版】命令,适当调整图片的位置和大小。使用此方法分别嵌入其他 4 张图片,适当调整嵌入图片的大小和位置。

⑧ 删除各层图片右侧多余的内容。利用【矩形选框】工具  沿第三条垂直参考线绘制矩形,见图 4-151。在【图层】面板中分别选择嵌入的图片所在图层,按下 Delete 键,删除图片右侧多余内容。

⑧ 置入导航栏和底部图标。置入本章 4.6 节素材"导航栏图标 2.jpg"和"底部图标 2.jpg",放置在适合的位置,完成内容页的制作,最终效果见图 4-122。

图　4-151

4.6.3　知识解析

在艺术设计过程中,经常需要将某些内容精确对齐,使用 Photoshop 提供的对齐和分布工具,可以使设计作品更加精准规范。

为了实现图层对齐和平均分布,首先选择需要对齐或分布的所有图层,然后选择【图层】→【对齐】命令或【图层】→【分布】命令的下一级命令,见图 4-152。也可以通过【移动】工具 的工具属性栏操作,见图 4-153。对齐比较好理解,下面主要解释一下六种分布情况。

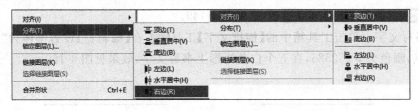

图　4-152

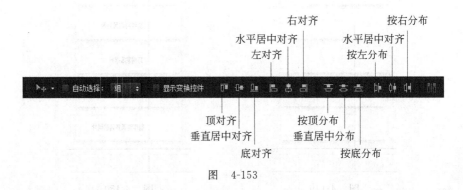

图　4-153

(1) 按顶分布:以各图层图像的顶部为准线,各准线之间距离相同,见图 4-154。

图 4-154

（2）垂直居中分布：以各图层图像的中部为准线，各准线之间距离相同，见图 4-155。

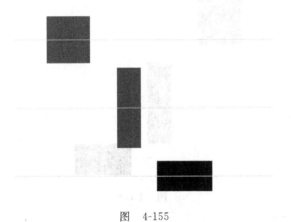

图 4-155

（3）按底分布：以各图层图像的底部为准线，各准线之间距离相同，见图 4-156。

图 4-156

（4）按左分布：以各图层图像的左边为准线，各准线之间距离相同，见图 4-157。

（5）水平居中分布：以各图层图像的中部为准线，各准线之间距离相同，见图 4-158。

（6）按右分布：以各图层图像的右边为准线，各准线之间距离相同，见图 4-159。

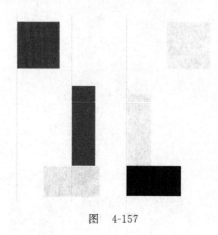

图　4-157

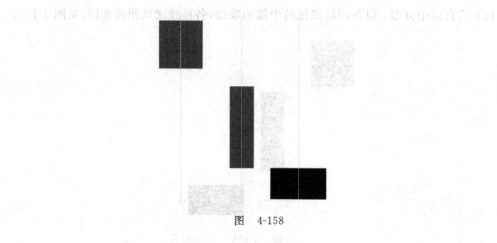

图　4-158

图　4-159

4.6.4　自主练习

要求：选择自己手机里面的一个 APP，模仿制作其界面。

第 5 章　路径的运用

随着 Photoshop 版本的不断升级，对矢量图形的处理功能也越来越强大。用户可以使用 Photoshop 提供的路径工具或矢量绘图工具绘制并编辑各种矢量图形。本章将学习路径、自定形状工具的编辑使用技巧。

5.1　使用路径抠图

5.1.1　知识要点

使用【钢笔】工具 创建路径，借助 Alt 键调整方向线的方向和长度，从而确定曲线弯曲方向与程度，借助 Ctrl 键调整锚点的位置，效果见图 5-1。

5.1.2　实现步骤

（1）打开本章 5.1 节素材文件夹中的"陶艺花瓶.jpg"。

（2）绘制锚点。选择【钢笔】工具 ，在工具属性栏中选择【工具模式】为路径 路径 ，将鼠标光标放置在被抠取图像轮廓的某个角点位置并按下左键拖动鼠标，出现两个方向角，见图 5-2。

图　5-1

图　5-2

（3）绘制下一锚点。用【钢笔】工具 在图像中单击，确定第二个锚点，并在单击左键的同时按下鼠标进行拖拽，出现两个方向角，借助 Alt 键调整方向线的方向和长度，从而确定曲线弯曲的方向与程度，借助 Ctrl 键调整锚点的位置，使之与花瓶之间产生吻合、平滑的曲线效果,见图 5-3。

  提示:按下 Ctrl 键从【钢笔】工具 切换到【直接选择】工具 ，可以适当调整锚点的位置。当指针位于锚点或方向点上时,按下 Alt 键,可以从【钢笔】工具 切换到【转换点】工具 进行曲线方向的调整。

  (4) 建立陶艺花瓶路径。依此方法,形成封闭的路径,将图像中的花瓶选出来。

  (5) 保存路径。在【路径】面板中可以看到刚刚绘制的路径曲线的默认名称及缩略图。双击"工作路径",在弹出的对话框中输入名称为"路径 1",单击【确定】按钮保存路径,见图 5-4。

图 5-3   图 5-4

  (6) 将路径转化为选区。在【路径】面板中单击【将路径作为选区载入】 （快捷键为 Ctrl+Enter）,将路径转化为选区。这时可以对选区中的内容进行复制、粘贴,完成抠图的目的。

5.1.3 知识解析

  (1)【钢笔】工具 和【路径选择】工具

  在工具箱中展开【钢笔】工具 ,可以看到如图 5-5 所示的工具列表。

  在工具箱中展开【路径选择】工具 ,可以看到如图 5-6 所示的工具列表。

图 5-5   图 5-6

- 【钢笔】工具 ：钢笔工具是最常用的路径创建工具。按住 Shift 键,同时使用钢笔工具可以绘制水平、垂直或倾斜 45°角的标准直线路径。

  使用钢笔工具选取曲面物体时要注意以下几点:一是在轮廓的角点处创建锚点;二是尽可能少创建锚点,这样有利于路径形态的调整;三是当锚点位置创建不正确时,按下 Delete 键可以删除。连续两次按下 Delete 键,可以删除整个路径。

- 【自由钢笔】工具 ：用于创建随意路径或沿图像轮廓创建路径。

- 【添加锚点】工具 ![添加锚点图标]：用于添加路径锚点。
- 【删除锚点】工具 ![删除锚点图标]：用于删除路径锚点。
- 【转换点】工具 ![转换点图标]：用于调节路径的平滑角和转角形态。当第一次用 ![图标] 调整路径上的锚点，锚点上的两条方向线处于同时移动的状态时，按住 Alt 键可以使两条方向线各自独立地移动。
- 【路径选择】工具 ![路径选择图标]：用于选取整个路径。
- 【直接选择】工具 ![直接选择图标]：用于点选或框选路径锚点。按下 Ctrl 键的同时单击路径，也可以显示路径上的锚点。

（2）路径

路径由一个或多个直线段或曲线段组成。锚点标记路径段的端点。在曲线段上，每个选中的锚点显示一条或两条方向线，方向线以方向点结束。方向线和方向点的位置决定曲线段的大小和形状。移动这些方向点可以改变路径中曲线的形状。路径可以是闭合的，没有起点或终点（例如圆圈）；也可以是开放的，有明显的终点（例如波浪线），见图 5-7。

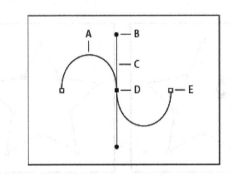

图 5-7

A—路径曲线段；B—方向点；C—方向线；D—选中的锚点；E—未选中的锚点

连接平滑曲线路径的锚点被称为平滑点，连接锐化曲线路径的锚点被称为角点，图 5-8 中的左图表示平滑点，右图表示角点。

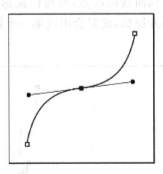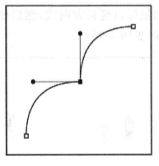

图 5-8

当在平滑点上移动方向线时，将同时调整平滑点两侧的曲线段。相比之下，当在角点上移动方向线时，只调整与方向线同侧的曲线段，图 5-9 中的左图表示调整平滑曲线点，右图表示调整角点。

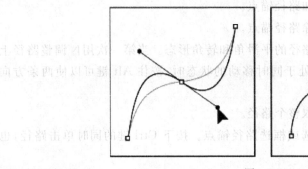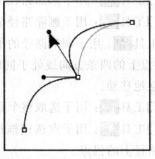

图　5-9

（3）用【钢笔】工具创建直线段

用【钢笔】工具可以绘制的最简单路径是直线,方法是将【钢笔】工具定位到所需的直线段起点并单击(不要拖动),以定义第一个锚点,继续单击可创建由角点连接的直线段组成的路径,见图 5-10。

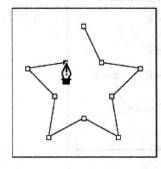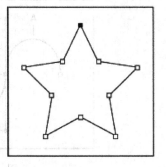

图　5-10

（4）用【钢笔】工具绘制曲线

可以通过如下方式创建曲线。

① 绘制第一个锚点。将【钢笔】工具定位到曲线的起点,并按住鼠标,向计划绘制的下一个锚点方向拖动鼠标以延长方向线,然后松开鼠标,此时会出现第一个锚点。拖动曲线中的第一个点的过程,见图 5-11。

(a) 定位【钢笔】工具　　　(b) 开始拖动(鼠标按钮按下)　　　(c) 拖动以延长方向线

图　5-11

② 创建C形曲线。请向前一条方向线的相反方向拖动鼠标,然后松开鼠标,见图 5-12。

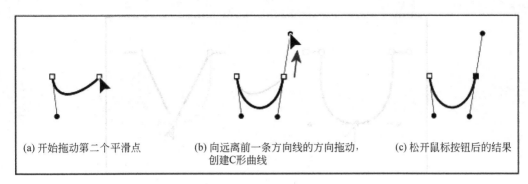

(a) 开始拖动第二个平滑点　　(b) 向远离前一条方向线的方向拖动，　　(c) 松开鼠标按钮后的结果
　　　　　　　　　　　　　　　创建C形曲线

图　5-12

③ 创建 S 形曲线。按照与前一条方向线相同的方向拖动鼠标，然后松开鼠标，见图 5-13。

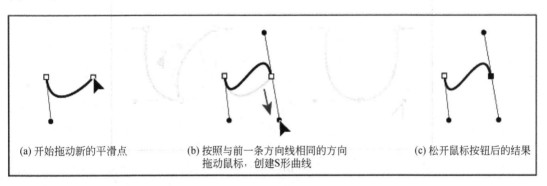

(a) 开始拖动新的平滑点　　(b) 按照与前一条方向线相同的方向　　(c) 松开鼠标按钮后的结果
　　　　　　　　　　　　　　拖动鼠标，创建S形曲线

图　5-13

（5）在平滑点和角点之间进行转换

首先选择要修改的路径，然后单击工具箱中的【钢笔】工具。按下 Ctrl 键，单击路径，使路径呈现出锚点。按下 Alt 键，进入转换点 ⊾ 状态。

① 将角点转换成平滑点：向角点外拖动鼠标，使方向线出现，见图 5-14。

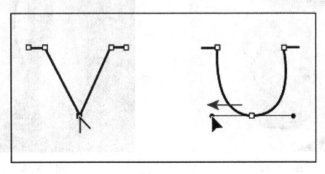

图　5-14

② 将平滑点转换成没有方向线的角点：单击平滑点，见图 5-15。

③ 将没有方向线的角点转换为具有独立方向线的角点：首先按下鼠标，将方向点拖出角点，成为具有方向线的平滑点，仅松开鼠标。

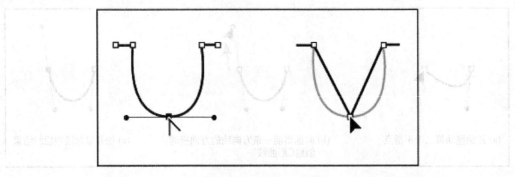

图 5-15

④ 将平滑点转换成具有独立方向线的角点：沿如图 5-16 所示方向调方向点。

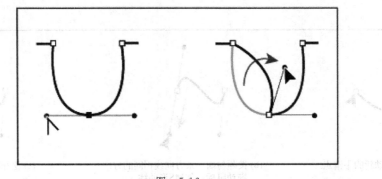

图 5-16

5.1.4 自主练习

练习：选取陶艺花瓶，如图 5-17～图 5-19 所示。

图 5-17

图 5-18

（1）用【钢笔】工具 ✐ 选出器皿的外形。

（2）与效果图进行对比。

图　5-19

5.2　音乐招贴

5.2.1　知识要点

使用【定义画笔预设】命令定义新画笔,在【画笔】面板中设置新画笔的渐隐控制,利用【钢笔】工具绘制曲线路径,执行【用画笔描边路径】命令,得到曲线丛,效果见图 5-20。

图　5-20

5.2.2　实现步骤

(1) 新建文件。文档名为"音乐招贴",宽度为 34 厘米,高度为 21 厘米,分辨率为 300 像素/英寸,颜色模式为 RGB 颜色(8 位),背景内容为"白色"。

(2) 绘制背景底色。在工具箱中设置前景色为灰色(R:235;G:235;B:235),背景色为白色。使用【渐变】工具 ，选择【线性渐变】 ，进行上灰下白的线性渐变填充。

(3) 置入吉他素材。选择【文件】→【置入嵌入的智能对象】命令(快捷键为 Alt＋F＋L),在打开的对话框中选择本章 5.2 节素材文件夹中的"吉他.png",单击【置入】按钮,双击置入图片上的叉号,确认置入操作。合理摆放吉他的位置,见图 5-20。

(4) 设置画笔属性。在工具箱中选择【画笔】工具 ✎,选择【画笔】面板→【画笔】命令,打开【画笔】面板,选择笔头形状为圆形,设置【硬度】为 100,【大小】为 10 像素,【间距】500,见图 5-21。

(5) 在新图层中绘制五个点。新建"图层 1"(快捷键为 Shift+Ctrl+N),按下快捷键 D,将前景色设置为黑色,按下 Shift 键的同时在画布上绘制竖列的五个点(如果画多了,使用橡皮擦擦除多余的点),见图 5-22。

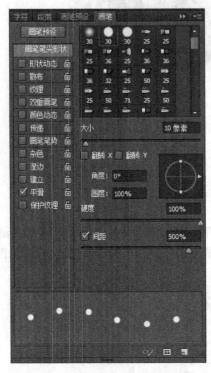

图 5-21

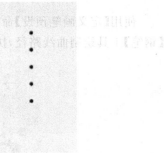

图 5-22

(6) 将五个点定义为新画笔。首先按住 Ctrl 键,在【图层】面板中单击"图层 1"前的缩略图,载入五个点的选区,再选择【编辑】→【定义画笔预设】命令,打开【画笔名称】对话框,为新画笔命名为"五个点",单击【确定】按钮。取消选择(快捷键为 Ctrl+D)。

(7) 绘制曲线路径。使用工具箱中的【移动】工具 ⊹ 将五个点移到画布最右侧,选择工具箱中的【钢笔】工具 ✐,以第 3 个点为起点,绘制一个不封闭路径,见图 5-23。

(8) 设置画笔。在工具箱中选择【画笔】工具 ✎,选择【窗口】→【画笔】命令,打开【画笔】面板,设置笔头形状为"五个点",【大小】值不变,调整【间距】为 1%,见图 5-24;单击【形状动态】选项,在【控制】选项中选择"渐隐",设置步长为 5000,【最小直径】为 1%,见图 5-25。

提示:在【画笔】面板中选择项目时一定要选择名称,而不是选择复选框。

(9) 描边路径。选择【画笔】工具 ✎,按下快捷键 D,将前景色设置为蓝色(♯61b4d3)。切换到【路径】面板,单击【用画笔描边路径】○,在路径上将产生渐隐效果,见图 5-26。

图 5-23

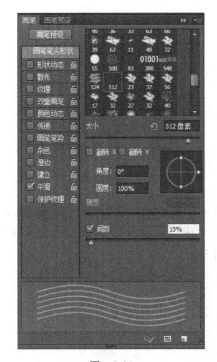

图 5-24

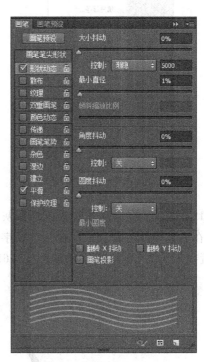

图 5-25

图 5-26

（10）保存并隐藏路径。在【路径】面板中单击右侧的 图标，选择"存储路径"，见图 5-27。在【路径】面板空白处单击，隐藏路径（快捷键为 Ctrl＋H）。

（11）绘制音乐符号。新建"图层 2"（快捷键为 Shift＋Ctrl＋N），选择工具箱中的【自定形状】工具 ，见图 5-28，在工具属性栏中设置【工具模式】为"像素"，【形状】为各种音乐符号，见图 5-29，在图像五线谱上绘制音乐符号，如图 5-30 所示。

图 5-27

图 5-28

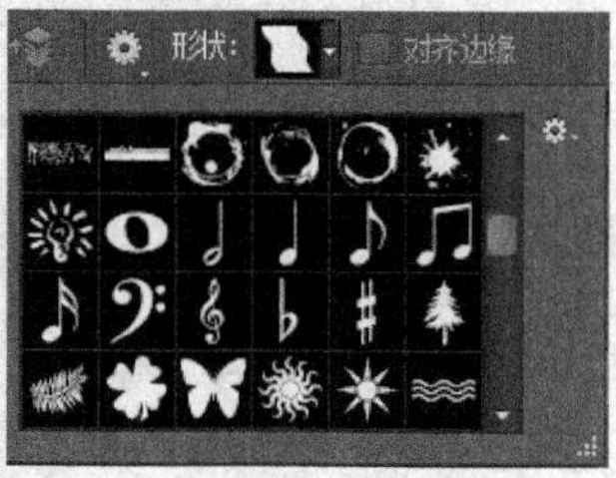

图 5-29

（12）书写文字。设置前景色为深灰色，选择工具箱中的横排文本工具 ，输入文字"我们在的地方就会有音乐存在"（建议字号为 36，字体为方正细谭黑简体），将"音乐"两个字设置字号为 72 号字，颜色为蓝色♯146fa1，见图 5-30。

图 5-30

（13）置入本节素材文件夹中的辅助素材，并排列在合适位置，完成后效果见图 5-20。

（14）将文件保存为 psd 和 jpg 两种格式。

5.2.3　知识解析

在【画笔】面板中可以设置画笔参数，画笔参数决定了在进行画笔描边路径和使用画笔绘制图形时画笔笔迹的变化。

（1）设置画笔笔尖形状

选择【画笔】工具 ，在【画笔】面板的左侧选择【画笔笔尖形状】选项，选择要使用的画笔笔尖，例如 ，可以在【画笔】面板中设置以下画笔笔尖形状选项。

① 直径：控制画笔的大小。

② 翻转 X 和翻转 Y：改变画笔笔尖在其 X 轴、Y 轴上的方向，见图 5-31。

(a) 默认画笔笔尖　　　　　　(b) 选中了【翻转X】　　　　(c) 同时选中了【翻转X】和【翻转Y】

图　5-31

③ 角度：指定椭圆画笔或样本画笔的长轴从水平方向旋转的角度。可以输入度数，或在预览框中拖动水平轴，见图 5-32。

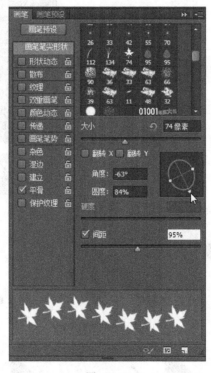

图　5-32

④ 圆度：指定画笔短轴和长轴之间的比率。100 表示圆形画笔，0 表示线性画笔，介于两者之间的值表示椭圆画笔，绘制效果见图 5-33。

⑤ 硬度：控制画笔硬度的大小，如图 5-34 所示。

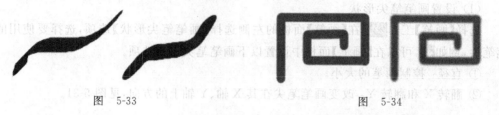

图 5-33   图 5-34

⑥ 间距：控制描边中两个画笔笔迹之间的距离，不同间距绘制效果见图 5-35。

（2）画笔形状动态

在【画笔】面板中选择面板左侧的【形状动态】，见图 5-36，可以编辑其相关参数，在不同的参数下画笔笔迹的变化情况如图 5-37 所示。

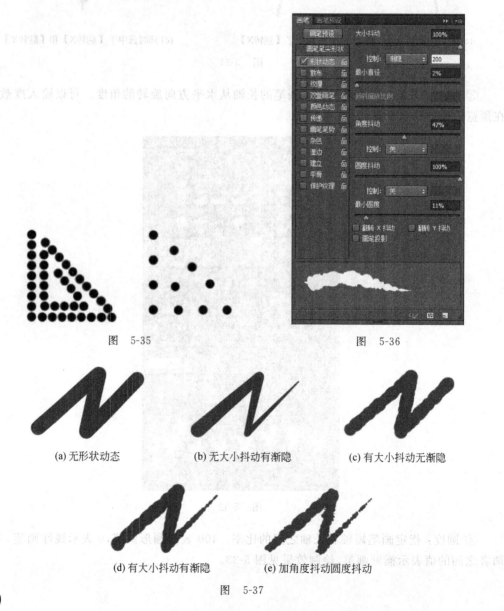

图 5-35   图 5-36

(a) 无形状动态   (b) 无大小抖动有渐隐   (c) 有大小抖动无渐隐

(d) 有大小抖动有渐隐   (e) 加角度抖动圆度抖动

图 5-37

① 大小抖动和控制：可以控制大小抖动百分比和大小改变方式。

- 大小抖动百分比：通过输入数字或使用滑块来控制画笔笔迹大小的改变比例。
- 关：指定不控制画笔笔迹的大小变化。
- 渐隐：按指定数量的步长在初始直径和最小直径之间渐隐画笔笔迹的大小。每个步长等于画笔笔尖的一个笔迹。值的范围可以为 1～9999。例如，输入步长数 10，则会产生 10 个增量的渐隐。
- 钢笔压力、钢笔斜度或光笔轮：可依据钢笔压力、钢笔斜度或钢笔拇指轮位置以在初始直径和最小直径之间改变画笔笔迹的大小。

② 最小直径：指定当启用【大小抖动】时画笔笔迹可以缩放的最小百分比。

倾斜缩放比例：指定当【大小抖动】设置为"钢笔斜度"时，在旋转前应用于画笔高度中的比例因子。

③ 角度抖动和控制：指定画笔笔迹角度改变的大小和方式。

- 关：指定不控制画笔笔迹的角度变化。
- 渐隐：按指定数量的步长在 0°～360°渐隐画笔笔迹角度。
- 钢笔压力、钢笔斜度、光笔轮、旋转：依据钢笔压力、钢笔斜度、钢笔拇指轮位置或钢笔的旋转，在 0°～360°改变画笔笔迹的角度。
- 初始方向：使画笔笔迹的角度基于使用画笔描边的初始方向。
- 方向：使画笔笔迹的角度基于使用画笔描边的方向。

④ 圆度抖动和控制：指定画笔笔迹的圆度来改变大小和方式。

- 关：指定不控制画笔笔迹的圆度变化。
- 渐隐：按指定数量的步长在 100 和【最小圆度】值之间渐隐画笔笔迹的圆度。
- 钢笔压力、钢笔斜度、光笔轮、旋转：依据钢笔压力、钢笔斜度、钢笔拇指轮位置或钢笔的旋转在 100 和【最小圆度】值之间改变画笔笔迹的圆度。

⑤ 最小圆度：指定当【圆度抖动】启用时画笔笔迹的最小圆度。输入一个指明画笔长短轴之间的比率的百分比。

（3）画笔散布

在【画笔】面板中选择面板左侧的【散布】，见图 5-38，【散布】可确定绘图中笔迹的数目和位置，无散布的画笔笔迹和有散布的画笔笔迹见图 5-39。

① 散布和控制：指定画笔笔迹的分布数量和方式。在使用画笔描边路径时，当选择【两轴】时，画笔笔迹按径向分布。当取消选择【两轴】时，画笔笔迹垂直于描边路径分布。

- 关：指定不控制画笔笔迹的散布变化。
- 渐隐：按指定数量的步长将画笔笔迹的散布从最大散布渐隐到无散布。
- 钢笔压力、钢笔斜度、光笔轮、旋转：依据钢笔压力、钢笔斜度、钢笔拇指轮位置或钢笔的旋转来改变画笔笔迹的散布。

② 数量：指定在每个间距中应用的画笔笔迹数量。

③ 数量抖动和控制：指定画笔笔迹的数量如何针对各种间距而变化。可以指定在每个间距处涂抹的画笔笔迹的最大百分比，可以控制画笔笔迹数量的变化。

- 关：指定不控制画笔笔迹的数量变化。
- 渐隐：按指定数量的步长将画笔笔迹数量从数量值渐隐到 1。

图 5-38

(a) 无散布的画笔描边　　　　　　　　(b) 有散布的画笔描边

图 5-39

- 钢笔压力、钢笔斜度、光笔轮、旋转：依据钢笔压力、钢笔斜度、钢笔拇指轮位置或钢笔的旋转来改变画笔笔迹的数量。

（4）纹理画笔选项

在【画笔】面板中选择左侧的【纹理】，见图 5-40，纹理画笔利用图案使绘画看起来像是在带纹理的画布上绘制一样。有无纹理的画笔绘制效果见图 5-41。

① 反相：基于图案中的色调反转纹理中的亮点和暗点。当选择【反相】时，图案中的最亮区域是纹理中的暗点，因此接收最少的油彩；图案中的最暗区域是纹理中的亮点，因此接收最多的油彩。当取消选择【反相】时，图案中的最亮区域接收最多的油彩；图案中的最暗区域接收最少的油彩。

② 缩放：指定图案的缩放比例。

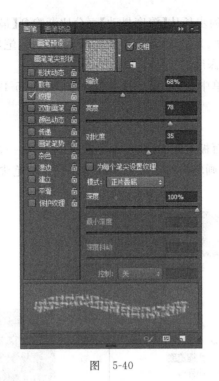

图　5-40

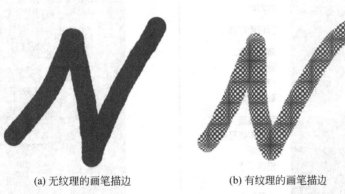

(a) 无纹理的画笔描边　　　　　　(b) 有纹理的画笔描边

图　5-41

③ 模式：指定用于组合画笔和图案的混合模式，不同的混合模式会有不同的显示效果。

④ 深度：指定油彩渗入纹理中的深度。如果是 100，则纹理中的暗点不接收任何油彩；如果是 0，则纹理中的所有点都接收相同数量的油彩，从而隐藏图案。

⑤ 最小深度：指定将深度【控制】设置为"渐隐""钢笔压力""钢笔斜度"或"光笔轮"并且选中【为每个笔尖设置纹理】时油彩可渗入的最小深度。

⑥ 深度抖动和控制：指定当选中【为每个笔尖设置纹理】时深度的改变方式。可以指定抖动的最大百分比。如果指定如何控制画笔笔迹的深度变化，可以从"控制"弹出式菜单中选取一个选项。

· 关：指定不控制画笔笔迹的深度变化。

163

- 渐隐：按指定数量的步长从【深度抖动】百分比渐隐到【最小深度】百分比。
- 钢笔压力、钢笔斜度、光笔轮、旋转：依据钢笔压力、钢笔斜度、钢笔拇指轮位置或钢笔旋转角度来改变深度。

纹理图案样本弹出菜单中，右击设置按钮 ⚙️，弹出如图 5-42 所示的菜单，可加载更多图案。

（5）双重画笔

在【画笔】面板中选择面板左侧的【双重画笔】，见图 5-43。双重画笔组合两个笔尖来创建画笔笔迹，即在主画笔的画笔内应用第二个画笔纹理。单笔尖设置和双重笔尖创建的画笔绘制对比效果见图 5-44。

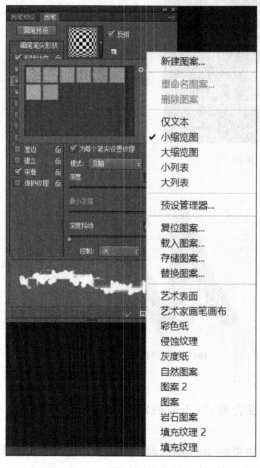

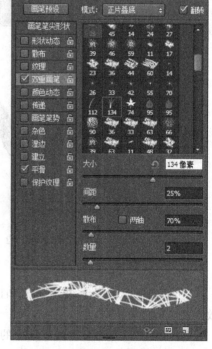

图 5-42   图 5-43

在【画笔】面板的【画笔笔尖形状】选项中设置主要笔尖，从【画笔】面板的【双重画笔】部分选择另一个画笔笔尖，然后根据需要设置以下选项。

① 模式：选择从主要笔尖和双重笔尖组合画笔笔迹时要使用的混合模式。

② 直径：控制双笔尖的大小。

③ 间距：控制双笔尖画笔笔迹之间的距离。

④ 散布：指定双笔尖画笔笔迹的分布方式。

(a) 单笔尖创建的画笔描边

(b) 双重笔尖创建的画笔描边

图 5-44

⑤ 数量：指定在每个间距间隔应用的双笔尖画笔笔迹的数量。

（6）颜色动态画笔选项

在【画笔】面板中选择面板左侧的【双重画笔】，见图 5-45。颜色动态决定描边路线中油彩颜色的变化方式。有无颜色动态的画笔绘制效果见图 5-46。

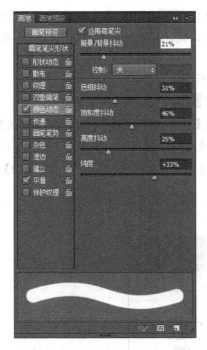

图 5-45

(a) 无颜色动态的画笔描边

(b) 有颜色动态的画笔描边

图 5-46

① 前景/背景抖动和控制：指定前景色和背景色之间的油彩变化百分比和方式。

• 关：不控制画笔笔迹的颜色变化。

• 渐隐：按指定数量的步长在前景色和背景色之间改变油彩颜色。

165

· 钢笔压力、钢笔斜度、光笔轮、旋转：依据钢笔压力、钢笔斜度、钢笔拇指轮位置或钢笔的旋转来改变前景色和背景色之间的油彩颜色。

② 色相抖动：指定油彩色相可以改变的百分比。色相抖动值较低时在改变色相的同时保持接近前景色的色相，较高时会增大色相间的差异。

③ 饱和度抖动：指定油彩饱和度可以改变的百分比。饱和度抖动值较低时在改变饱和度的同时保持接近前景色的饱和度，较高时增大饱和度级别之间的差异。

④ 亮度抖动：指定油彩亮度可以改变的百分比。亮度抖动值较低时在改变亮度的同时保持接近前景色的亮度，较高时增大亮度级别之间的差异。

⑤ 纯度：增大或减小颜色的饱和度。如果该值为 −100，则颜色将完全去色；如果该值为 100，则颜色将完全饱和。

（7）形状工具的应用

在工具箱中按下【矩形】工具  右下角的三角，弹出的快捷菜单见图 5-47。每一项工具有三种模式，分别是像素、形状和路径，可以绘制位图、矢量图形和路径。

图 5-47

（8）追加【自定形状】工具

① 选择【自定形状】工具 。

② 单击工具属性栏中的【形状】图标右侧三角，打开【形状】对话框，单击对话框右上角的设置按钮 ，在打开的快捷菜单中选择"全部"命令，见图 5-48，打开如图 5-49 所示的对话框，单击【确定】按钮，则仅显示新类别中的形状；单击【追加】按钮，则追加到已显示的形状中。

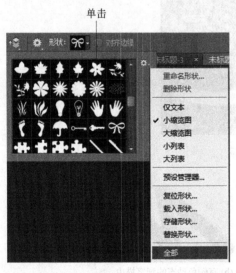

图 5-48

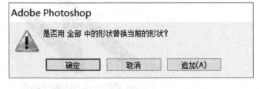

图 5-49

5.2.4 自主练习

练习一：制作邮票效果，见图 5-50。

简要制作步骤如下：

图　5-50

（1）打开本节素材文件夹中的"邮票素材.jpg"文件。

（2）将背景层转换为普通图层。在【图层】面板中双击背景层空白处，在弹出的对话框中单击【确定】按钮，将背景层转换为"图层 0"。

（3）载入"图层 0"选区。

（4）将选区转换为路径。在【路径】面板中单击【从选区生成工作路径】，将选区转换为路径。

（5）在新图层中绘制锯齿效果。设置前景色为黑色，新建"图层 1"，选择【画笔】工具，设置画笔属性，见图 5-51。单击【路径】面板中的【用画笔描边路径】，绘制出邮票的锯齿效果，效果见图 5-52。

图　5-51

图　5-52

167

（6）将"图层 1"载入选区，并隐藏"图层 1"。

（7）在"图层 0"中制作锯齿效果。在【图层】面板中选择"图层0"，按下 Delete 键删除多余部分。

（8）添加图层样式。为"图层 0"添加【图层样式】中的【阴影】效果，完成后效果见图 5-50。

练习二：丝带效果，见图 5-53。

简要制作步骤如下：

（1）新建文件。宽度为 10 厘米，高度为 8 厘米，分辨率为200 像素/英寸，颜色模式为 RGB，背景内容为"白色"。

（2）用钢笔绘制路径，见图 5-54。

图　5-53

（3）在新图层用画笔描边路径。新建"图层 1"，设置前景色为黑色，用主直径为 1 像素的圆形画笔，描边刚画好的路径，用Ctrl＋H 快捷键将路径隐藏。

（4）将图案定义成画笔。选择【编辑】→【定义画笔预设】命令，打开【画笔名称】对话框，输入【名称】为"丝带"，单击【确定】按钮。

（5）设置画笔属性。在【画笔】面板中选择刚才定义的画笔，设置【大小】为 60，【间距】为1％，见图 5-55。

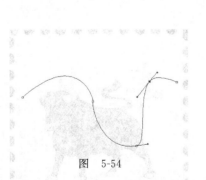

图　5-54

图　5-55

（6）绘制图形。打开本节素材文件夹中的"丝带素材.jpg"，设置前景色为粉红色（♯ffd5ec），绘制丝带效果，效果见图 5-53。

5.3　数码科技元素

5.3.1　知识要点

使用【钢笔】工具和【椭圆】工具绘制路径,使用【横排文字】工具 T 分别沿不封闭路径和圆形排列文字,效果见图 5-56。

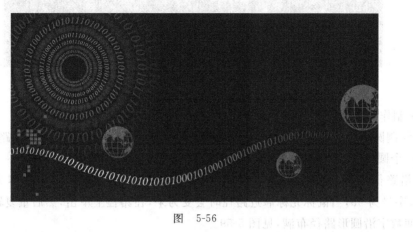

图　5-56

5.3.2　实现步骤

(1) 新建文件。宽度为 85 厘米,高度为 42 厘米,分辨率为 300 像素/英寸,颜色模式为 RGB 颜色(8 位)。

(2) 制作蓝色底图层。新建"图层 1",设置前景色为蓝色(R:19;G:82;B:175),按下 Alt＋Delete 快捷键填充前景色。

(3) 使用【钢笔】工具绘制路径。选择【钢笔】工具 ,【工具模式】为"路径",在画布上绘制一条路径,见图 5-57(为了方便观察路径,在图中将蓝色底图暂时隐藏了)。

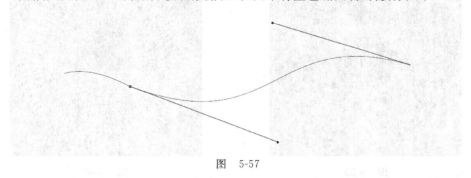

图　5-57

(4) 沿路径输入文字。将前景色设置为白色,选择工具箱中的横排文本工具 T ,设置字体为 Monotype Corsiva,字号为 72,当鼠标光标靠近路径时会出现的光标形状为 ,在画布中间位置的路径上单击,然后重复输入文字"0"和"1",数字会向左右两边扩散,输入完毕后选择中间部分数字，设置字号为 80，更靠中间位置的数字设置字号为 85，见图 5-58。

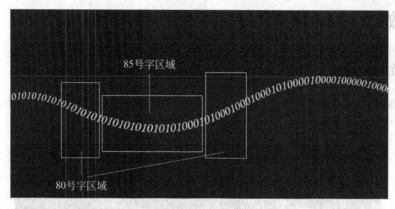

图 5-58

（5）制作圆形文字。

① 绘制圆形路径。选择工具箱中的【椭圆】工具 ⬛，设置【工具模式】为"路径"，在画布上绘制一个圆形。

② 沿路径输入文字。选择工具箱中的横排文本工具 ⬛，设置字体为 Monotype Corsiva，字号为 48，当鼠标光标靠近路径时会变为 ⅉ，在路径上单击，然后重复输入文字"0"和"1"，使数字沿圆形路径布满，见图 5-59。

（6）将文字图层栅格化。在【图层】面板中的圆形文字图层右击并选择【栅格化文字】命令，然后修改图层名称为"圆"。

（7）制作多个放大的数字圆。按下 Alt＋Ctrl＋T 快捷键复制变换圆形文字图层，在工具属性栏中单击"保持长宽比"按钮 ⬛，修改 W 为 120，其他保持不变，按 Enter 键确认操作。反复按下 Shift＋Alt＋Ctrl＋T 快捷键四次，获得逐渐增大的 4 个数字圆，效果见图 5-60。

图 5-59

图 5-60

（8）制作多个缩小的数字圆。选择图层"圆"，按下 Alt＋Ctrl＋T 快捷键复制变换圆形文字图层，在工具属性栏中单击"保持长宽比"按钮 ⬛，修改 W 为 80，其他保持不变，按 Enter 键确认操作。反复按下 Shift＋Alt＋Ctrl＋T 快捷键四次，获得逐渐减小的 4 个数字圆,效果见图 5-61。

（9）模糊部分圆形上的文字。在【图层】面板中选择"圆拷贝 7"图层,选择【滤镜】→【模糊】→【高斯模糊】命令,在其对话框中设置模糊半径为 4.0 像素,单击【确定】按钮;在【图层】面板中选择"圆拷贝 3"图层,按下 Ctrl＋F 快捷键 3 次(反复应用三次模糊效果),效果见图 5-62。

图　5-61　　　　　　　　　　　　　　图　5-62

（10）合并圆层。在【图层】面板中将所有与圆相关的图层选中,按下 Ctrl＋E 快捷键合并所有圆图层。使用【移动】工具 将合并后的圆形移动到合适位置。

（11）置入素材文件夹中的"地球.jpg"并摆放在适当位置,效果见图 5-56。

5.3.3　知识解析

在 Photoshop 中可以沿着用钢笔或形状工具创建的工作路径的边缘输入文字,在路径上输入横排文字会导致字母与基线垂直,在路径上输入直排文字会导致文字方向与基线平行。当移动路径或更改其形状时,文字将会适应新的路径位置或形状。

（1）沿路径输入文字

① 选择【横排文字】工具 T 或【直排文字】工具 T 。

② 将鼠标光标移动到路径附近,当鼠标光标变成 时单击,输入文字。

（2）在路径上移动或翻转文字

选择【直接选择】工具 或【路径选择】工具 ,并将其定位到文字上。指针会变为形状。单击并沿路径拖动文字可以移动文本,拖动时需要非常仔细,以避免跨越到路径的另一侧。单击并横跨路径拖动文字,可以将文本翻转到路径的另一边。

（3）移动文字路径

选择【路径选择】工具 ,按下鼠标可以将路径拖动到新的位置。

（4）改变文字路径的形状

选择【直接选择】工具 ,单击路径上的节点,然后使用控制柄改变路径的形状。

5.3.4　自主练习

要求:制作炫彩背景,见图 5-63。

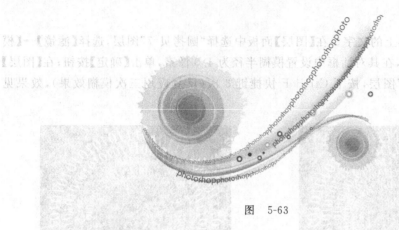

图 5-63

简要制作步骤如下：

（1）打开本章 5.4 节素材文件夹中的"炫彩背景素材.jpg"。

（2）绘制一条不封闭的路径。

（3）前景色设置为淡蓝色（R：104；G：159；B：216），沿路径输入文字"Photoshop"（字号逐渐增大）。

（4）重复本步骤的第（2）、（3）步制作另外两条路径文字。路径见图 5-64，完成后效果见图 5-63。

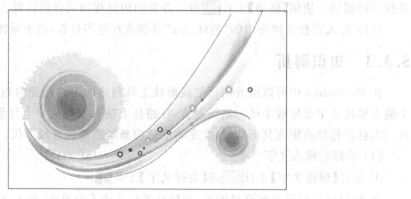

图 5-64

5.4 鼠绘插画

5.4.1 知识要点

利用【钢笔】工具绘制路径，借助 Alt 键调整曲线弯曲的方向与程度，借助 Ctrl 键调整锚点位置，绘制符合如图 5-65 所示的卡通猫形象。

5.4.2 实现步骤

（1）新建文件。文档名称为"猫"，宽度为 3000 像素，高度为 3000 像素，分辨率为 72 像素/英寸,颜色模式为 RGB 颜色(8 位),背景内容为"白色"。

（2）绘制身体。

① 绘制身体轮廓。在工具箱中选择【钢笔】工具 ![pen],在工具属性栏中选择【工具模式】为"路径",绘制如图 5-66 所示路径。在绘制过程中按下 Alt 键,可以调整方向线的方向和长度,从而确定曲线弯曲方向与程度。按下 Ctrl 键调整,可以调整锚点位置。

图　5-65

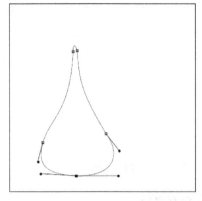

图　5-66

② 保存路径。在【路径】面板中可以看到刚刚绘制的路径曲线的默认名称及缩略图,双击"工作路径",在弹出的对话框中输入名称为"路径 1",单击【确定】按钮保存路径。

③ 填充选区。新建"图层 1"(快捷键为 Shift＋Ctrl＋N),将路径载入选区(快捷键为 Ctrl＋Enter),按下快捷键 D,将前景色设置为黑色,背景色设置为白色。使用前景色填充选区(快捷键为 Alt＋Delete),取消选择(快捷键为 Ctrl＋D)。

④ 隐藏路径(快捷键为 Ctrl＋H)。

（3）绘制头部。

① 绘制椭圆路径。使用工具箱中的【椭圆】工具 ![ellipse],在工具属性栏中设置【工具模式】为"路径",在画布上绘制一个椭圆形路径,使用【路径选择】工具 ![path-select] 将椭圆路径调整到如图 5-67 所示位置。

② 增加锚点。在工具箱中选择【钢笔】工具 ![pen],按下 Ctrl 键单击路径,在如图 5-68 所示位置增加 3 个锚点。

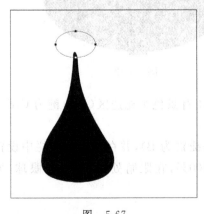

图　5-67

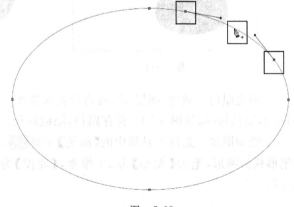

图　5-68

③ 调整锚点,形成右耳轮廓。按下 Ctrl 键,在画布上将上一步添加的中间锚点向右上方移动;按下 Alt 键,调整另外两个锚点的方向角,使得耳朵形状圆润,见图 5-69。

④ 利用类似的方法制作猫的左耳朵轮廓路径,见图 5-70。

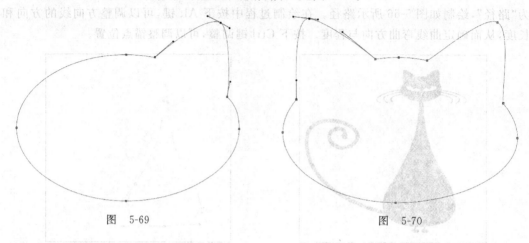

图　5-69　　　　　　　　　　　　　　　　图　5-70

⑤ 保存路径。

⑥ 填充头部。新建"图层 2",将路径载入选区,使用前景色填充选区,取消选择,见图 5-71。

⑦ 隐藏路径。

(4) 绘制眼睛。

① 绘制眼睛轮廓。在工具箱中选择【钢笔】工具 ,在工具属性栏中选择【工具模式】为路径,绘制如图 5-72 所示路径。

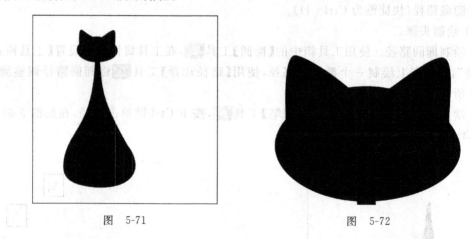

图　5-71　　　　　　　　　　　　　　　　图　5-72

② 填充眼白。新建"图层 3",将路径载入选区,使用背景色填充选区(快捷键为 Ctrl＋Delete),取消选择,见图 5-73。保存路径,隐藏路径。

③ 绘制眼球。选择工具箱中的【画笔】工具 (快捷键为 B),并在工具属性栏中设置画笔形状为圆形,笔尖【大小】为 80 像素,【硬度】为 100％,在眼睛处单击,绘制眼球,见图 5-74。

图　5-73　　　　　　　　　　　　　　　图　5-74

④ 复制生成另一只眼睛。复制图层(快捷键为 Ctrl+J),利用【移动】工具 将其移动到左侧,并利用【画笔】工具 绘制白色鼻尖,见图 5-75。

(5) 绘制胡须。

① 绘制路径。在工具箱中选择【钢笔】工具 ,绘制如图 5-76 所示路径。

图　5-75　　　　　　　　　　　　　　　图　5-76

② 用画笔描边路径。新建"图层 4",设置前景色为黑色,选择工具箱中的【画笔】工具 (快捷键为 B),并在工具属性栏中设置画笔形状为圆形,笔尖【大小】为 15 像素,【硬度】为 100%。在【路径】面板中单击【用画笔描边路径】 ,效果见图 5-77。

③ 保存路径,隐藏路径。

④ 利用类似的方法绘制右侧另外两只胡须,见图 5-78。

图　5-77　　　　　　　　　　　　　　　图　5-78

⑤ 复制生成另一侧胡须(方法与复制生成另一只眼睛相同),见图 5-79。

(6) 绘制尾巴。

① 绘制路径。在工具箱中选择【钢笔】工具 ，绘制如图 5-80 所示路径。

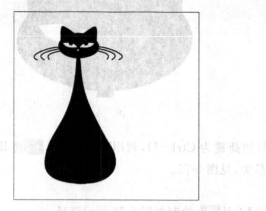
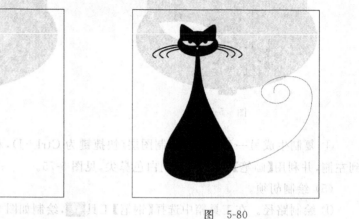

图 5-79   图 5-80

② 用画笔描边路径。新建"图层 5",选择工具箱中的【画笔】工具 (快捷键为 B),并在工具属性栏中设置画笔形状为圆形,笔尖的【大小】为 60 像素,【硬度】为 100%。在【路径】面板中单击【用画笔描边路径】 ,效果见图 5-81。

图 5-81

③ 保存并隐藏路径。

(7) 绘制猫腿和猫爪。

新建"图层 6",使用【画笔】工具 绘制猫腿,选择【椭圆】工具,并在工具属性栏中设置【工具模式】为"像素",参照图 5-65 绘制猫爪,从而完成制作。

5.4.3   知识解析

鼠绘是指使用鼠标借助图形图像处理软件来进行绘图。鼠绘常用的图形图像处理软件主要有以下几种。

(1) Photoshop

相对而言,Photoshop"图形处理的能力"是最强大的,利用 Photoshop 进行鼠绘主要是借助【路径】工具,结合【画笔】工具、【图层混合模式】、【图层样式】等进行绘图。

（2）Painter

Painter 拥有全面的仿自然画笔和自定义功能,以及与外接设备的高度契合性,如数位板或数位屏。适合具备美术基础以及一定技术能力的鼠绘爱好者。

（3）Easy Paint Tool SAI

专业的绘图软件,也就是常说的 SAI。其体积小巧,对硬件要求低。笔刷丰富,适合漫画爱好者使用。

（4）AI

专业的矢量绘图工具,可以快速地设计流畅的图案,需要借助位图软件进行后期处理。

5.4.4 自主练习

要求:选择一个自己喜欢的卡通形象,利用所学知识模仿绘制。

第 6 章   蒙版与通道的运用

6.1   合 成 照 片

6.1.1   知识要点

使用【磁性套索】工具 粗选女孩轮廓,再利用快速蒙版精确修改选区,合成后效果见图 6-1。

图   6-1

6.1.2   实现步骤

(1) 打开素材并选择女孩。打开本章 6.1 节素材文件夹中的"女孩右.jpg",在工具箱中使用鼠标右击【套索】工具 ,在弹出的菜单中选择【磁性套索】工具 ,在工具属性栏中设置【宽度】为 10 像素,【对比度】为 20,【频率】为 70。使用【磁性套索】工具 ,把鼠标光标放置在"女孩"身体轮廓的任意位置处单击,确定取样点,之后沿女孩外轮廓移动鼠标,此时鼠标会自动吸附女孩的外轮廓,当鼠标光标移动到起点位置时,单击完成图像的选择,效果见图 6-2。

提示:在选择的过程中,为了使选择的内容更加精确,可以通过单击来添加新的取样点,当发现套索偏离了轮廓(图像边缘)时,可以按 Delete 键删除最后的一个锚点。

(2) 进入快速蒙版编辑模式。单击工具箱中的【以快速蒙版模式编辑】按钮 (快捷键为 Q),将图像切换到快速蒙版编辑模式,选区被转换为快速蒙版。在快速蒙版编辑模式下未被选中的区域被红色覆盖,没有被红色覆盖的区域则是被选择区域,见图 6-3。

图　6-2　　　　　　　　　　　　　　　　　　　图　6-3

（3）修改蒙版。使用【缩放】工具 🔍 将选中的局部放大，寻找选区中还需修改的地方，见图6-4。分别使用【画笔】工具 🖌 和【橡皮擦】工具 ✏️ ，根据需要在工具属性栏中设置【大小】和【硬度】，见图6-5。使用【橡皮擦】工具 ✏️ 在需要增加选区的位置涂抹，将红色部分擦除；使用【画笔】工具 🖌 在需要减去选区的位置涂抹，增加红色部分。

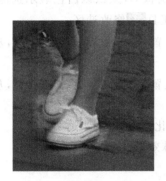
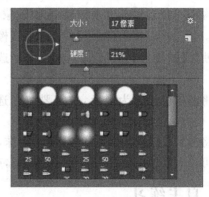

图　6-4　　　　　　　　　　　　　　　　　　　图　6-5

提示：在使用画笔涂抹时，经常要调整画笔的大小，通过按"["和"]"键，可以快速增加和减少画笔的主直径大小。

（4）退出快速蒙版编辑模式。单击工具箱中的【以标准模式编辑】按钮 ▣ （快捷键为Q）将图像切换回标准编辑模式，修改后的蒙版被转换为选区。

提示：进入和退出快速蒙版的操作快捷键都是Q键。

（5）羽化选区并复制选区内容。选择【选择】→【修改】→【羽化】命令（快捷键为Shift＋F6），打开【羽化选区】对话框，设置【羽化半径】为2像素，单击【确定】按钮。然后用Ctrl＋C快捷键复制选区内容。

提示：羽化选区可以使选择内容的边界处于半透明状态，有利于无痕迹地融合到其他图像中。

（6）打开本章6.1节素材文件夹中的"女孩左.jpg"，见图6-6。

（7）粘贴女孩素材。用Ctrl＋V快捷键粘贴女孩的图像，使用【移动】工具 ⛶ 将右侧女孩移动到恰当位置，效果见图6-1。

图　6-6

6.1.3　知识解析

运用快速蒙版可以产生临时通道,其覆盖在图像上面,用来保护被选取或指定的区域不受编辑操作的影响。快速蒙版是临时的,要储存选区,必须借助于通道。

快速蒙版可以通过选区来转换,在快速蒙版编辑状态下,默认以白色表示选区,红色表示非选区。用户可以使用【画笔】工具 🖌 和【橡皮擦】工具 🧽 修改选区。

(1) 使用【橡皮擦】工具 🧽 在需要增加选区的位置涂抹,可以将蒙版擦除,从而增加选区。

(2) 将前景色设置为黑色,在需要减去选区的位置涂抹,为此处添加蒙版,从而减少选区。

(3) 将前景色设置为灰色,使用画笔涂抹,可以羽化选区,产生半透明的效果。

(4) 可以对快速蒙版执行各种滤镜效果,产生特殊效果。

6.1.4　自主练习

要求:将素材文件"小狗.jpg"和"草地.jpg"合成为一张照片,效果见图 6-7。

图　6-7

简要制作步骤如下:

（1）打开本章 6.1 节素材文件夹中的"小狗.jpg"和"草地.jpg"，运用本案例所讲知识，完成抠图合成效果。

（2）为小狗爪部遮盖青草。选择【仿制图章】工具 🔧，设置画笔属性如下：【大小】为 60，【硬度】为 0，并在工具属性栏的【样本】选项中选择"所有图层"。按下 Alt 键同时在小狗爪部周围青草处单击取样，松开 Alt 键，在小狗爪部单击为小狗爪部遮盖青草。

（3）创建小狗的阴影。选择草地所在图层，用【套索】工具 🔗 圈选小狗身体的下部，设置羽化半径为 10 像素，打开【亮度/对比度】对话框，输入值【亮度】为 −60，【对比度】为 0，为小狗添加阴影。

（4）调整小狗图层的色彩，使小狗与草地色调一致。选择"小狗"所在图层，打开【色彩平衡】对话框，参数调整见图 6-8。

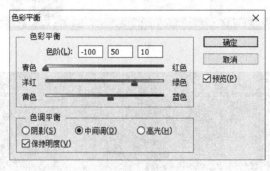

图 6-8

6.2 企业宣传展板

6.2.1 知识要点

主要运用参考线分割展板功能区域。使用【钢笔】工具绘制三角图形，创建图层组管理图层，利用【创建剪切蒙版】命令嵌入图片，效果见图 6-9。

6.2.2 实现步骤

（1）新建文件。宽度为 200 厘米，高度为 90 厘米，文档名为"展板"，分辨率为 72 像素/英寸，颜色模式为 RGB 颜色（8 位），填充内容为"其他"，设置为"灰色（R、G、B 均为 82）"。

（2）设置标尺单位为厘米。选择【编辑】→【首选项】→【单位与标尺】命令，打开对应的对话框，在【单位】选项组中设置【标尺】为"厘米"。

（3）建立垂直参考线。选择【视图】→【新建参考线】命令，设置【取向】为"垂直"、【位置】为 10 厘米，按上述方法再建立 5 条垂直参考线，分别设置参数为 38 厘米、66 厘米、128 厘米、134 厘米、190 厘米。

（4）建立水平参考线。选择【视图】→【新建参考线】命令，设置【取向】为"水平"、【位置】为 9 厘米。按上述方法再建立 4 条水平参考线，分别设置参数为 12 厘米、47 厘米、50 厘米、85 厘米。参考线标示了出血位置、每张照片和注释位置，见图 6-10。

图 6-9

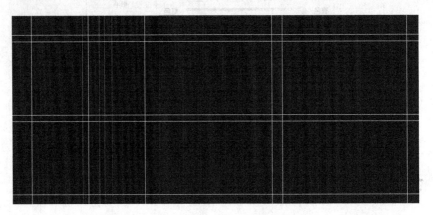

图 6-10

　　（5）在新图层中制作两个深灰色块。新建"图层 1"，使用【钢笔】工具![pen]在展板左下方绘制路径，见图 6-11，用 Ctrl+Enter 快捷键将路径转化为选区，填充深灰色（R：35；G：35；B：35），取消选择（快捷键为 Ctrl+D）。新建"图层 2"，在展板右方绘制路径，见图 6-12，利用相似的方法填充深灰色，效果见图 6-13。

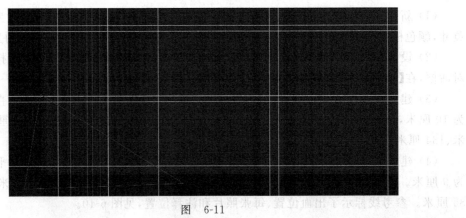

图 6-11

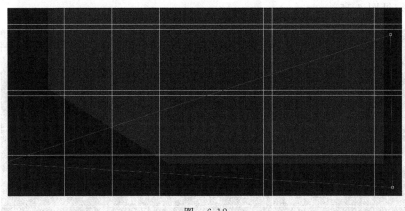

图　6-12

图　6-13

（6）在新图层中制作红色矩形块。新建"图层 3"，设置前景色为红色（R：255；G：0；B：0），使用工具箱中的【矩形】工具 ，在工具属性栏中设置【工具模式】为"像素"，在参考线内绘制一个红色矩形，见图 6-14。

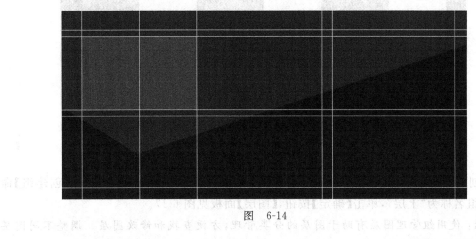

图　6-14

（7）在新图层中制作白色矩形块。新建图层，名称为"上左"，设置前景色为白色，使用工具箱中的【矩形】工具，在工具属性栏中设置【工具模式】为"像素"，在参考线内绘制一个白色矩形,见图 6-15。

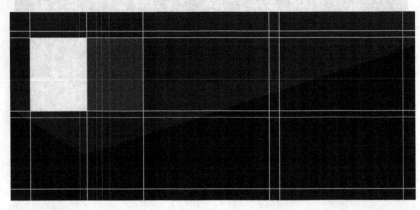

图　6-15

(8) 制作上层矩形块组。

① 链接图层。在【图层】面板中将"上左"和"图层 3"同时选中,单击【图层】面板下方的链接图层 按钮。

② 复制两次被链接的图层。同时选中这两个图层,右击,选择【复制图层】命令,再执行一遍复制图层操作,生成三对内容相同的图层。

③ 移动色块到合适位置。使用工具箱中的【移动】工具 ,将最上面一组色块(红色＋白色)移动到最右侧参考线框内,在【图层】面板中修改其中白色色块层的名称为"上右";在按下 Ctrl 键的同时,在画布的左边红色色块上单击,选中本图层,将红色和白色色块移动到画布上层中央位置,贴近中间右侧参考线,在【图层】面板中修改其中白色色块层的名称为"上中",效果见图 6-16。

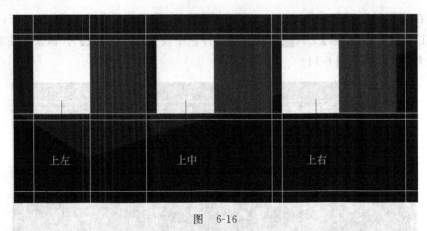

图　6-16

④ 创建图层组。在【图层】面板中同时选中 6 层色块,右击并选择【从图层创建组】命令,输入组名称为"上层",单击【确定】按钮,【图层】面板见图 6-17。

提示:使用组管理图层有助于图层的分类管理,方便查找和修改图层。调整不同图层的图像位置时,如果图层不分组,按下 Ctrl 键在画布上单击需要调整的图像,可以激活该图层;如果图层分组,在画布上右击并在弹出的快捷菜单中选择该图层名称,可以激活该图层。

(9) 制作下层矩形块组。在【图层】面板中的"上层"图层组右击并选择【复制组】命令，见图 6-18，在弹出的对话框中输入组名称为"下层"，单击【确定】按钮。

图 6-17

图 6-18

(10) 移动下层组色块到相应位置。使用工具箱中的【移动】工具 ，将"下层"色块整体移动到下层相应位置，见图 6-19。

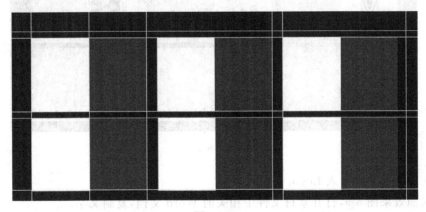

图 6-19

(11) 在白色矩形内嵌入图片。

① 置入图片。在【图层】面板中选择"上层"组中的"左上"图层。选择【文件】→【置入嵌入的智能对象】命令（快捷键为 Alt＋F＋L），在打开的对话框中选择本章 6.2 节素材文件夹中的"图 1.jpg"，单击【置入】按钮，双击置入图片上的叉号，确认置入操作，此时置入的新图片在"左上"图层上方。

② 嵌入到白色矩形中。在画布上移动图片到左上白色矩形位置，适当调整大小，在【图

层】面板中对"图 1"图层右击并选择【创建剪贴蒙版】命令,见图 6-20,效果见图 6-21。

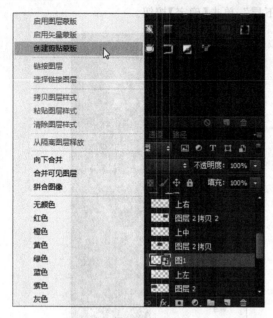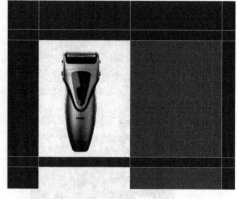

图　6-20　　　　　　　　　　　　　图　6-21

(12) 利用步骤(11)的方法,为其他白色方块嵌入图像,效果见图 6-22。

图　6-22

(13) 输入文字并置入 Logo。

① 对照效果图 6-9,打开素材文件中相关的 Word 文档,复制文字。

② 在工具箱中使用【横排文字】工具 **T**,在画布对应位置拖动鼠标,拉出一个文本框,将文字粘贴在文本框内,见图 6-23。再设置相应的字体、字号、行间距、字间距格式,并在【字符】面板中设置段落的避头尾法则和间距组合,避免标点出现在一行的开头,见图 6-24。

③ 字体、字号、行间距、字间距格式。"六大金牌专业"文字颜色为浅灰色(R、G、B 均为230),字体为"汉真广标",字号为 150,字间距为 450;红色色块上的文字颜色为白色,标题为"汉真广标",90 号字体;正文为"黑体",60 号字体。完成后效果见图 6-9。

186

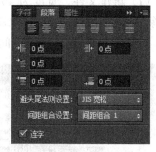

图　6-23　　　　　　　　　　　　　图　6-24

（14）保存为 psd 和 jpg 两种格式。

6.2.3　知识解析

（1）宣传展板

宣传展板的应用非常广泛，制作宣传展板是宣传部门日常重要工作之一，展板的制作关键是设计排版，一般涉及的内容是底图、标题、图片和文本。展板设计要做到美观、大方、重点突出，让人一目了然。根据应用场合不同，展板可以采用不同的色调，一般表扬类展板为暖色调，科普类展板为冷色调。大多数展板需要加外边框，或者预留安装孔位置，所以设计展板要预留出血位置，根据展板应用情况，出血一般为 3～5 厘米。

在宣传展板中会涉及多项内容和照片，动手制作之前应该先绘制草图，规划展板功能分割区域，计算参考线位置。展板模板一般会多次应用，所以在图片位置采用色块表示，当展板需要换图片时，只需要将新图片在色块上"创建剪贴蒙版"。

（2）剪切蒙版

剪切蒙版是 Photoshop 软件术语，蒙版层和被蒙版层一起被称为剪切组合，被蒙版层位于上方，下层的蒙版层形成一个区域，上层的被蒙版层图像通过下层区域显示出来，被蒙版层可以有多个图层，但是必须是连续图层，如图 6-25 所示。

图　6-25

6.2.4　自主练习

要求：利用本章 6.2 节素材文件夹中的素材制作如图 6-26 所示的展板。

图　6-26

简要制作步骤如下：

（1）新建文件。宽度为 465 厘米，高度为 90 厘米，文档名为"实验室介绍"，分辨率为 72 像素/英寸，颜色模式为 RGB 颜色（8 位）。

仿照图 6-27 划分展板空间，建立参考线。

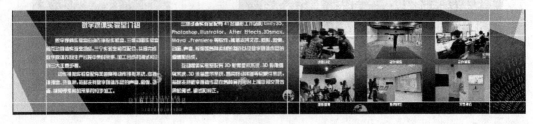

图　6-27

（2）制作底图。

① 置入图像。将本节素材文件夹中的"灰色底图.jpg"置入文件中。

② 绘制色块。使用【钢笔】工具 绘制左下角和右上角的三角形色块，见图 6-28，并填充相关颜色。

图　6-28

（3）书写文字。包括标题、左侧区域文字和右侧区域文字。使用【横排文字】工具 T ，设置字体为"汉真广标"，在画布上按下鼠标拖动出一个文本框，将提供的素材文字复制并粘贴到文本框内，设置标题的字号为 170 号，正文的字号为 120 点，在【字符面板】设置段落的避头尾法则和间距组合，避免标点出现在一行的开头。

（4）绘制色块。首先绘制一个黄色色块，然后复制为 6 个，排列在对应位置上。注意选择工具箱中的【移动】工具 ，在工具属性栏中使用"图层对齐方式"：顶对齐、左对齐、水平居中分布、垂直居中分布等命令，见图 6-29，使 6 个色块在水平位置和垂直位置对齐，效果见图 6-30。

图　6-29

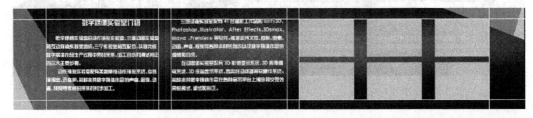

图　6-30

（5）嵌入图片。按照"企业宣传展板"做法嵌入 6 张图片，输入图片说明文字，最终【图层】面板见图 6-31，效果见图 6-26。

图 6-31

6.3 淘宝网页海报

6.3.1 知识要点

为图层添加图层蒙版，在蒙版中使用渐变效果合成图像，效果见图 6-32。

图 6-32

6.3.2　实现步骤

（1）打开文件。打开本章 6.3 节素材文件夹中的"底图.psd"。再次执行打开命令，打开素材文件夹中的"素材 1.png"。全选（快捷键为 Ctrl＋A）并复制（快捷键为 Ctrl＋C）素材 1 图像，激活"底图.jpg"文件，执行粘贴（快捷键为 Ctrl＋V）命令，将"素材 1.png"的木板复制并粘贴到"底图.psd"中，成为"图层 1"，效果见图 6-33。

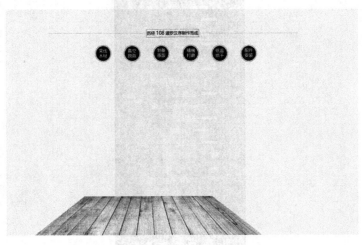

图　6-33

提示：本例主要讲解蒙版操作，对于底图中其他元素的制作，可以仿照前面章节的知识自己制作。导入素材有多种方法，可以采用前面学习过的置入方法，也可以直接从其他图像文件中复制并粘贴。

（2）为"图层 1"添加蒙版。在【图层】面板中，选中"图层 1"，单击面板下方【添加图层蒙版】按钮 ▣ ，为"图层 1"添加图层蒙版。

图　6-34

（3）在"图层 1"蒙版层填充渐变效果。设置前景色为白色、背景色为黑色，选择工具箱中的【渐变填充工具】▣ ，单击属性选项栏中的【编辑渐变】按钮 ▬ ，弹出【渐变编辑器】对话框，在其中的【渐变预设】列表中选择"从前景色到背景色"，单击【确定】按钮。在画布上从木板下方垂直向上拖动鼠标，【图层】面板见图 6-34，填充方向及效果见图 6-35。

提示："图层 1"的蒙版有一个从白到灰再到黑的线性渐变，蒙版黑色部分将"图层 1"图像遮住，白色部分显示"图层 1"图像，灰色部分使"图层 1"图像呈现半透明状态，从而将"图层 1"和背景图片自然地融合在一起。

（4）继续添加素材 2，并添加蒙版。打开"素材 2.jpg"，全选（快捷键为 Ctrl＋A）并复制（快捷键为 Ctrl＋C）素材 2 图像，回到当前文件中粘贴（快捷键为 Ctrl＋V）素材 2 图像，成为"图层 2"。在【图层】面板中选中"图层 2"，单击面板下方的【添加图层蒙版】按钮 ▣ ，为"图层 2"添加图层蒙版。

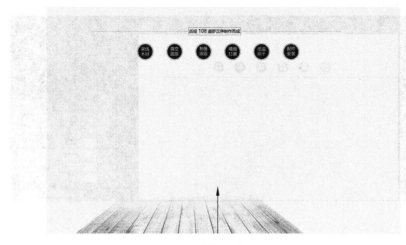

图 6-35

　　(5) 在"图层 2"蒙版中填充渐变效果。设置前景色为白色、背景色为黑色,选择工具箱中的【渐变填充工具】▣,在工具属性栏中将"径向性渐变"按钮按下。在画布上拖动鼠标,填充方向和效果见图 6-36,【图层】面板见图 6-37。

图 6-36

图 6-37

　　(6) 调整"图层 2"蒙版中的渐变填充效果。在【图层】面板中取消"图层 2"和"图层 2"蒙版之间的链接,选择蒙版层,见图 6-38,选择【编辑】→【变换】→【自由变换】(快捷键为 Ctrl+T)命令,如图 6-39 所示,向下、向左、向右拖动控制柄进行变换,在变换区内双击确认操作。效果见图 6-40。

　　(7) 继续添加素材 3、素材 4,排列方式见图 6-41。

　　(8) 添加文字。文字字体为黑体,其中"红军革命文化遗产 百年柳杉 千年传承"字色为绿色(R:36;G:150;B:13),"红军革命文化遗产"字号为 50,"百年柳杉 千年传承"字号为62;"纯手工编制蒸笼"字色为白色,字号为 74,见图 6-42。

图 6-38

191

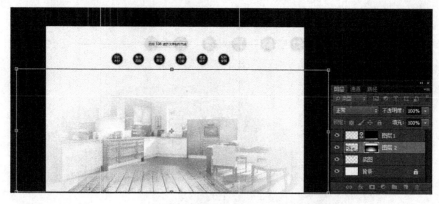

图　6-39

（6）……

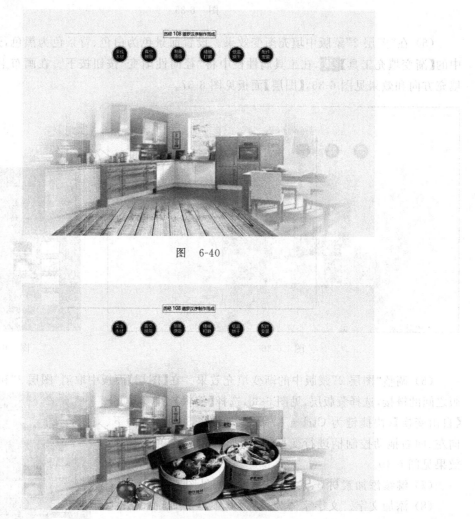

图　6-40

图　6-41

图　6-42

（9）绘制绿色色块。

① 绘制绿色色块。新建图层，使用工具箱中的【矩形】工具▣，在工具属性栏中设置【工具模式】为"像素"，前景色为绿色（R：36；G：150；B：13）。在"纯手工编制蒸笼"位置绘制绿色矩形，将文字完全遮蔽。

② 调整图层顺序。在【图层】面板中将绿色色块所在图层调整到"纯手工编制蒸笼"图层下方，完成后效果见图 6-32。

6.3.3　知识解析

（1）图层蒙版可以理解为在当前图层上面覆盖一层玻璃片，然后用各种绘图工具在蒙版上（即玻璃片上）涂色（只能涂黑白灰色），涂黑色的地方蒙版变为不透明，看不见当前图层的图像，涂白色则使涂色部分变为透明，可看到当前图层上的图像，见图 6-43。

（2）图层蒙版涂灰色使蒙版变为半透明，透明的程度由涂色的灰度深浅决定，见图 6-44。

（3）蒙版的优点。

① 修改方便，图层蒙版可以删除、移动、修改，不会因为使用橡皮擦或剪切、删除而破坏图像。

② 可运用不同滤镜，以产生艺术特效。

（4）蒙版的主要作用：遮蔽、抠图、图层间的融合、淡化图层边缘。

图　6-43

（5）使用图层蒙版时要注意两点。

① 背景层不能添加图层蒙版。

② 修改图层蒙版时，首先取消蒙版层和被蒙版层之间的链接▣，然后在【图层】面板中选择图层蒙版缩略图，才可以对图层蒙版修改，见图 6-45。如果选择的是被蒙版缩略图，则修改的是被蒙版层。

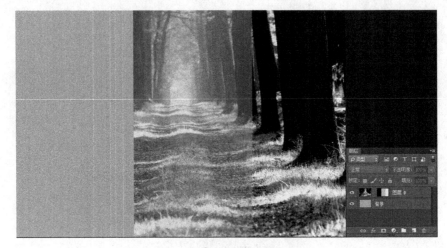

图 6-44

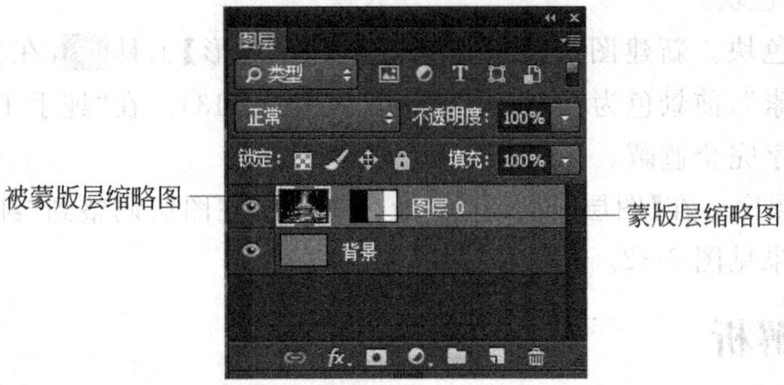

被蒙版层缩略图
蒙版层缩略图
图层
正常
不透明度: 100%
锁定:
填充: 100%
图层 0
背景

图 6-45

6.3.4 自主练习

练习一：巧换婚纱照背景，效果见图 6-46。

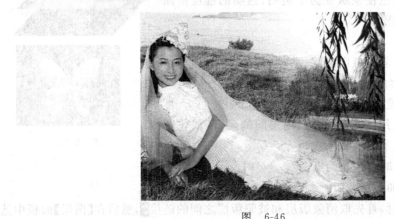

图 6-46

简要制作步骤如下：

(1) 打开本章 6.3 节素材文件夹中的"练习风景.jpg"。

（2）置入素材文件夹中的"练习1.jpg"，在【图层】面板中为"练习1"图层添加蒙版。选择工具箱中的渐变填充工具，选择"从前景色到背景色"渐变预设，然后在工具属性栏中选择【径向渐变】，在图像中从右上角往中间拖动鼠标，黑色蒙版处的图像被遮住，仅显示了下层的柳树部分，【图层】面板见图6-47，效果见图6-46。

练习二：杯中风景。

简要制作步骤如下：

（1）打开本章6.3节素材文件夹中的"练习风景.jpg"。

（2）置入素材文件夹中的"练习2.jpg"，在【图层】面板中为"练习2"图层添加蒙版。使用【画笔】工具，设置【硬度】为0，利用不同的灰度颜色在玻璃杯上涂抹，产生半透明效果，见图6-48。

图　6-47

图　6-48

练习三：风景剪影。

简要制作步骤如下：

（1）打开本章6.3节素材文件夹中的"练习风景.jpg"，复制背景层，得到"图层1"。

（2）使用蓝色填充背景层。

（3）为"图层1"添加图层蒙版，并填充蒙版为黑色，全部遮蔽风景图像。

（4）设置前景色为白色，选择【自定形状】工具，在工具属性栏中设置为"像素"，选择合适的形状并在画布上拖动鼠标，得到剪影效果。

（5）调整剪影底图的位置。在【图层】面板中取消蒙版层和被蒙版层之间的链接，选择被蒙版层"练习风景"的缩略图，则可以移动练习风景的位置，从而恰当地显示剪影中图像内容。如果选择图层蒙版缩略图，则可以对图层蒙版修改、移动，完成后效果参考图6-49。

图　6-49

6.4　榨汁机促销单页

6.4.1　知识要点

在新建通道中利用【云彩】和【彩色半调】滤镜制作布卡儿点选区,在 RGB 复合通道中对选区进行颜色填充,效果见图 6-50。

图　6-50

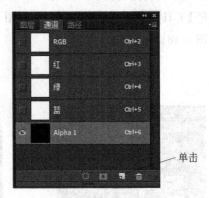

单击

图　6-51

6.4.2　实现步骤

(1) 新建文件。名称为"榨汁机",并设置宽度为 700 像素,高度为 800 像素,分辨率为 72 像素/英寸,颜色模式为 RGB 颜色(8 位),背景内容为"其他",在【拾色器(新建文档背景颜色)】对话框中选择黑色。

(2) 创建新通道。在【通道】面板中单击【创建新通道】按钮 ,创建新通道 Alpha 1,见图 6-51。

(3) 在通道 Alpha 1 上执行云彩滤镜。选择【滤镜】→【渲染】→【云彩】命令,按下 Ctrl+F 快捷键,多次执行【云彩】命令,直到出现一个黑白分布比较均匀的图像,效果见图 6-52。

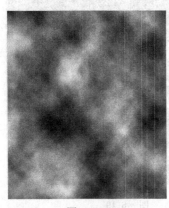

(4) 添加模糊效果。选择【滤镜】→【模糊】→【高斯模糊】命令,在打开的【高斯模糊】对话框中设置【半径】为 45 像素,见图 6-53,单击【确定】按钮,效果见图 6-54。

(5) 制作彩色半调效果。选择【滤镜】→【像素化】→【彩色半调】命令,在打开的【彩色半调】对话框中设置【最大半径】为 25 像素,见图 6-55,单击【确定】按钮,效果见图 6-56。

(6) 将通道载入选区。按下 Ctrl 键的同时在【通道】面板中单击"Alpha 1"通道,载入"Alpha 1"通道选区。单击【通道】面板中的 RGB 复合通道。进入 RGB 模式,此时图像中的效果见图 6-57。

图　6-52

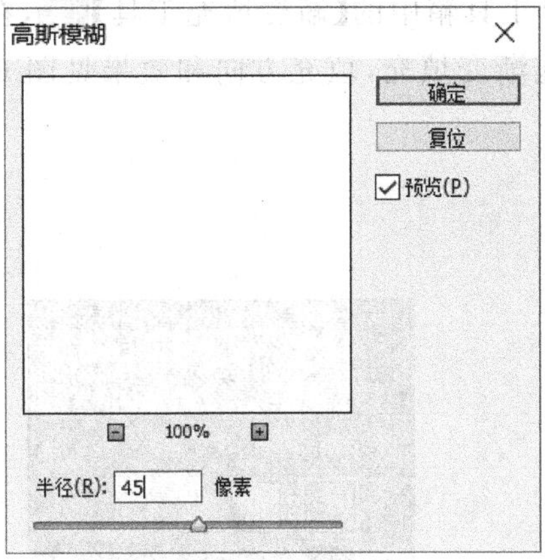

图　6-53

图　6-54

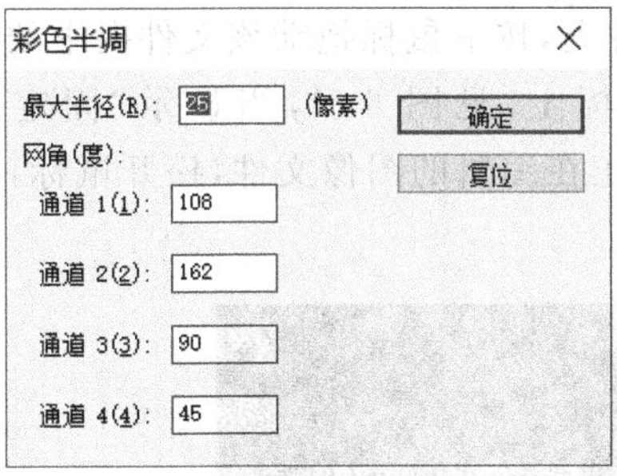

图　6-55

图　6-56

（7）新建图层。新建"图层 1"，将前景色设为紫色（♯a1009b）、背景色为深紫色（♯2e002c），反选选区（快捷键为 Shift＋Ctrl＋I），对选区进行从前景色到背景色的径向渐变填充，见图 6-58，取消选择（快捷键为 Ctrl＋D）。

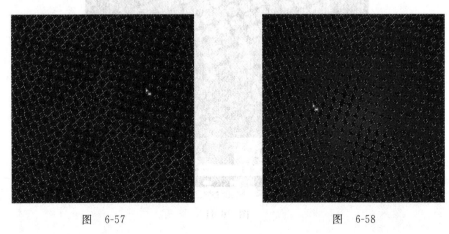

图　6-57

图　6-58

（8）为"图层 1"添加蒙版。在【图层】面板中选择"图层 1"，单击面板下方的"添加图层蒙版"按钮 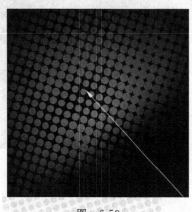，为"图层 1"添加图层蒙版。选择工具箱中的【渐变填充工具】 ，在工具属性栏中单击"线性渐变"按钮 。在画布上实施渐变填充，填充方向和效果见图 6-59，【图层】面板见图 6-60。

图　6-59

图　6-60

（9）置入果汁机。打开本章 6.4 节素材文件夹，按下鼠标拖动该文件夹中的"榨汁机.jpg"到下方 Windows 任务栏的 Photoshop 图标上，见图 6-61，当显示"固定到 Adobe Photoshop CC"时，弹开 Photoshop 文件并显示正在编辑的图像文件，松开鼠标，图片置入到当前文件中，在榨汁机图像上双击确认操作。

图　6-61

提示：置入图片可以采用【文件】→【置入嵌入的智能对象】命令，也可以直接从文件夹里找到文件并拖入 Photoshop 文件中。

（10）将素材文件依次置入。在"我的电脑"中打开本章 6.4 节素材文件夹，将"白色木板.png""文字.png""水果.png""杯子.png"文件依次拖入当前文件中，适当调整图片的大小和位置，完成后效果见图 6-50。

6.4.3　知识解析

通道可以保存图像的颜色信息，还可以存储选区和载入选区备用。通道作为图像的组成部分，是与图像的格式密不可分的，图像颜色、格式的不同决定了通道的数量和模式，对于不同图像模式的图像，其通道的数量是不一样的。在 Photoshop 之中，通道主要涉及三个模式，即 RGB 颜色模式、CMYK 颜色模式和 Lab 颜色模式，见图 6-62。

图　6-62

通道可以区分为以下类别。

（1）复合通道（compound channel）

复合通道不包含任何信息，实际上它只是同时预览并编辑所有颜色通道的一个快捷方式。如图 6-63 所示的 RGB 通道、CMYK 通道和 Lab 通道都为复合通道。

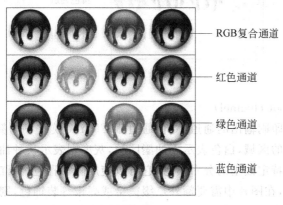

—— RGB复合通道

—— 红色通道

—— 绿色通道

—— 蓝色通道

图　6-63

（2）颜色通道（color channel）

颜色通道把图像分解成一个或多个色彩成分，图像的模式决定了颜色通道的数量，如图 6-63 所示，RGB 模式有 3 个颜色通道（红、绿、蓝），CMYK 模式有 4 个颜色通道（青色、洋红、黄色和黑色），Lab 模式有 a、b 两个颜色通道，它们包含了所有将被打印或显示的颜色。颜色通道以 256 级黑白的灰度图来表示颜色的分布，一个黑白的图像能直接看出色阶的分布状况。

首先分析一下 RGB 颜色模式，该模式是由自然界中光的三原色的混合原理发展而来的,RGB 分别代表红色(red)、绿色(green)、蓝色(blue)。RGB 模式的图像支持多个图层,在该颜色模式下,观察【通道】面板可以发现,该模式下有红、绿、蓝三个颜色通道和一个由三个颜色通道混合得到的复合通道构成。单独观察红绿蓝通道中的一个通道,可以看到颜色以黑白的灰度图来表示,如图 6-63 所示。在 8 位深的情况下每个颜色通道中的一个像素能够显示 2^8(256)种亮度级别,因此三个颜色通道混合在一起就可以产生 256^3(1670 多万)种颜色,它在理论上可以还原自然界中存在的任何颜色。图中越黑的地方表示某种颜色分布得就越少,颜色就越暗,而相反越白的地方表示某种颜色分布得就越多,颜色就越亮。即在 RGB 颜色模式的图像中,某种颜色的含量越多,那么这种颜色的亮度也越高。例如,如果三种颜色的亮度级别都为 0(亮度级别最低),则它们混合出来的颜色就是黑色;如果它们的亮度级别都为 255(亮度级别最高),则其结果为白色。

CMYK 模式是用于印刷输出的颜色模式,它由青(cyan)、洋红(magenta)、黄(yellow)、黑(black)四种颜色混合而成。在 CMYK 模式里颜色通道中的黑色才是油墨的分布信息,见图 6-64,而白色是没有油墨的区域,即某种颜色的含量越多,那么这种颜色的亮度也越低,这跟 RGB 颜色模式下颜色通道中白色和黑色所代表的意义是不一样的。

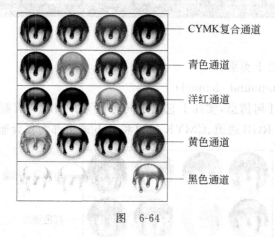

图 6-64

（3）专色通道(spot channel)

专色通道是用于印刷输出的通道,专色通道跟 CMYK 模式下的颜色通道很相似,都是以黑色来表示有油墨的区域,白色表示无油墨区域,灰度则表示某种油墨的分布密度。专色通道中存储了某一种特定油墨的分布信息,它可以使用除了青色、洋红、黄色、黑色以外的颜色来绘制图像。例如,在图片中需要额外点缀烫金或亮银等装饰色,则可以把需装饰的图像信息保存在专色通道中,那么当包括了专色通道的图像制版出片的时候,就需要比正常情况多出一张记录专色通道信息的片子。

（4）Alpha 通道(Alpha channel)

Alpha 通道是计算机图形学中的术语,指的是特别的通道。Alpha 通道主要用于存储选区信息,用 256 级黑白的灰度图记录选区信息,控制图层的显示范围,并不会影响图像的显示和印刷效果。当图像输出到视频,Alpha 通道也可以用来决定显示区域。前面学习的图层蒙版和快速蒙版都是临时 Alpha 通道。在 Photoshop 中,包括所有的颜色通道和 Alpha 通道在内,一个图像最多可有 24 个通道。

6.4.4　自主练习

要求：利用剪纸蝴蝶图案，借助通道制作"玉"的效果，见图 6-65。

简单制作步骤如下：

（1）新建文件，名称为"玉蝴蝶"，宽度为 20 厘米，高度为 15 厘米，分辨率为 200 像素/英寸，颜色模式为 RGB 颜色（8 位）。

（2）置入本章 6.4 节素材文件夹中的"蝴蝶.png"，并栅格化蝴蝶图层。

（3）将蝴蝶图案载入选区。

（4）将选区保存为通道。选择【选择】→【存储选区】命令，在其对话框中输入【名称】为"butterfly"，单击【确定】按钮。在【通道】面板中，可以看到选区显示在"butterfly"通道中，单击"butterfly"通道，取消选择（快捷键为 Ctrl＋D），画面见图 6-66。

图　6-65　　　　　　　　　　　　　　　图　6-66

（5）模糊对象。选择"butterfly"通道，再选择【滤镜】→【模糊】→【高斯模糊】命令，设置【半径】为 8.6 像素，效果见图 6-67。

（6）复制通道。在【通道】面板将"butterfly"通道拖动至"新建通道"按钮 🔲 上，产生"butterfly拷贝"通道，选择【滤镜】→【其他】→【位移】命令，在对应的对话框中设置参数，见图 6-68。

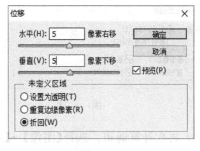

图　6-67　　　　　　　　　　　　　　　图　6-68

（7）计算通道。选择【图像】→【计算】命令，在相应对话框中设置【源 1】栏的【通道】为"butterfly"，【源 2】栏的【通道】为"butterfly 拷贝"，【混合】为"差值"，参数设置见图 6-69，单击【确定】按钮，效果见图 6-70。

（8）调整曲线。通过计算通道，【通道】面板中产生了"Alpha 1"通道，选择【图像】→【调整】→【曲线】命令，在其对话框中调整曲线形状，见图 6-71，从而产生晶莹剔透的效果，见图 6-72。

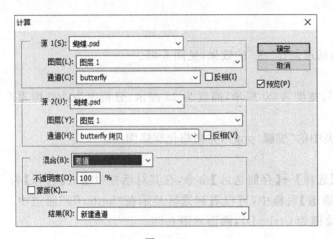

图 6-69

图 6-70

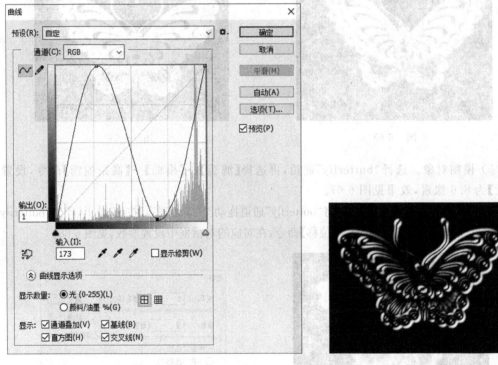

图 6-71

图 6-72

（9）再次计算通道。选择【图像】→【计算】命令，在对应的对话框中设置【源1】栏的【通道】为"butterfly"，【源2】栏的【通道】为"butterfly 拷贝"，【混合】为"强光"，参数设置见图 6-73，单击【确定】按钮，产生"Alpha 2"通道，效果见图 6-74。

（10）将"Alpha 2"通道中的图像应用到图层中。在【通道】面板选择 RGB 通道，回到【图层】面板，按下 Shift+Ctrl+N 快捷键新建"图层 1"。选择【图像】→【应用图像】命令，在打开的【应用图像】对话框中选择"图层"为"图层 1"，"通道"为"Alpha 2"，见图 6-75，此时"Alpha 2"通道中的图像被应用到"图层 1"中。

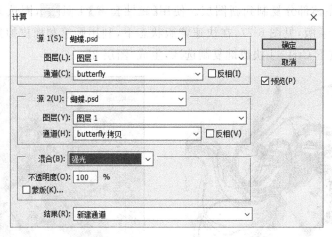

图 6-73

图 6-74

图 6-75

（11）填充渐变色。设置从白色到淡蓝色的渐变色，然后在渐变工具属性栏中选择【径向渐变填充】方式，【模式】中选择【颜色】选项。在画布上拖动鼠标为图像添加渐变色，效果见图 6-75。

6.5 利用通道抠取头发

6.5.1 知识要点

在通道中选黑白对比明显的通道进行复制，对复制得到的通道调整【色阶】，使浅色区域更白，深色区域更黑，分离头发和背景，达到抠取头发的目的。调整色彩平衡，让人物图像与背景图片更融合，效果见图 6-76。

6.5.2 实现步骤

（1）打开本章 6.5 节素材文件夹中的"人物.jpg"。

（2）复制背景层。按下 Ctrl＋J 快捷键，复制背景层为"图层 1"。

（3）将人物主体部分复制到新图层。使用【磁性套索】工具 ，圈选人物主体部分，按下 Q 键进入快速蒙版，见图 6-77，在快速蒙版状态下，利用画笔和橡皮擦修改正选区，按下 Q 键退出蒙版，按下 Ctrl+J 快捷键复制选区，生成"图层 2"。

图　6-76

图　6-77

（4）选取并复制通道。进入【通道】面板，分别观察红、绿、蓝三个通道，选人物头发与背景黑白对比最明显的通道。在这个案例中，选择红色通道来进行操作。拖动"红通道"到【通道】面板中的【创建新通道】按钮 上，复制红色通道。产生"红 拷贝"通道，见图 6-78。

图　6-78

（5）增强"红 拷贝"通道中黑白的对比度。选择【图像】→【调整】→【色阶】命令（快捷键为 Ctrl+L），打开【色阶】对话框，在该对话框中调整【输入色阶】参数，见图 6-79。让人物的头发与背景黑白对比更加明显。然后按下 Ctrl+I 快捷键反选图像，见图 6-80。

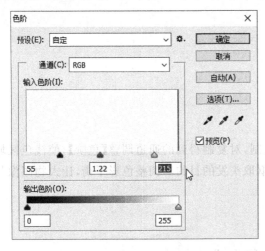

图　6-79

图　6-80

提示：在通道里面，凡是黑色的地方都是不需要的，白色的才是所要的内容。

（6）将通道载入选区。按下 Ctrl 键的同时单击"红 拷贝"通道缩略图，载入"红拷贝"通道选区。单击【通道】面板的 RGB 复合通道，进入 RGB 模式，此时图像中的效果见图 6-81。

（7）为"图层 1"添加蒙版。在【图层】面板中选择"图层 1"，单击【添加图层蒙版】按钮，为"图层 1"添加图层蒙版。

（8）置入底图素材。置入本章 6.5 节素材文件夹中的"底图.jpg"，在【图层】面板中将"底图"图层拖动至背景层上方，见图 6-82。然后按下 Ctrl＋T 快捷键，调整底图的大小和位置。

图层缩略图　　　　　　　　　　　　　　　　　图层蒙版缩略图

图　6-81　　　　　　　　　　　　　图　6-82

（9）对图层蒙版进行细微的调整。在【图层】面板中单击"图层 1"的"图层蒙版缩略图"，对图层蒙版适当进行【曲线】（快捷键为 Ctrl＋M）调节，目的是微调图像抠取的范围和不透明度，加强人物图像与背景的融合。此步骤不再给出详细参数，请读者根据实际情况进行自主调整。

（10）加深头发。在【图层】面板中单击"图层 1"缩略图，使用工具箱中的【加深】工具，在头发区域涂抹，加深头发的颜色，减少头发边缘的白色。

（11）合并图层并调色。将"图层 1"与"图层 2"合并，选择【图像】→【调整】→【色彩平衡】命令（快捷键为 Ctrl＋B），打开【色彩平衡】对话框，在该对话框中调整参数为"阴影""中间调""高光"，见图 6-83～图 6-85，完成后效果见图 6-76。

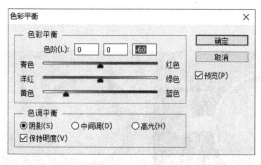

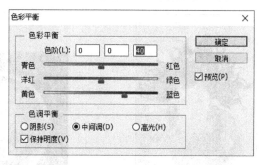

图　6-83　　　　　　　　　　　　　图　6-84

205

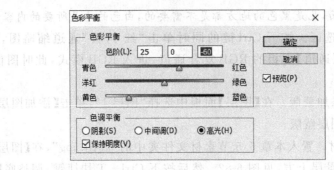

图 6-85

6.5.3 知识解析

通道的一个很重要的用途是用来抠取其他工具所难以处理的图像,一般运用在两种情况下:一种是抠取散乱的图像,例如抠取头发;另一种是抠取半透明的图像,例如抠取婚纱。

利用通道抠图的方法如下:

(1) 在通道中选择"需要的部分"和"不需要的部分"黑白色差最大的一个通道,并复制该通道。

(2) 调整色阶,使不需要的部分颜色更黑,需要的部分颜色更白。在通道中会出现黑、白、灰三种色调,其中呈现纯黑的部分是不需要的,纯白是需要保留的。灰度的强弱将会影响不透明度。

6.5.4 自主练习

练习一:合成图像。

利用本章6.5节素材文件夹中的"练习.jpg"和"底图.jpg"合成图像,效果如图6-86所示。

简要制作步骤如下:

(1) 复制"绿 通道",【色阶】调整参数为"85、0.85、207"。

(2) 合并图层之后的【色彩平衡】参数为阴影(35、20、35);中间调(−30、−55、−100);高光(0、0、−15)。

练习二:抠取杯子。

利用通道将图 6-87 左侧桌面上的咖啡杯实现抠图效果,如图 6-87 右侧图所示。

图 6-86

图 6-87

206

简要制作步骤如下：

（1）打开本章 6.5 节素材文件夹中的"杯子.jpg"。

（2）在【通道】面板中查看哪个通道颜色对比最鲜明，此案例中选择蓝色通道，复制蓝色通道为"蓝 拷贝"通道。

（3）调整"蓝 拷贝"通道的色阶，增加黑白对比，参数设置见图 6-88，效果见图 6-89。

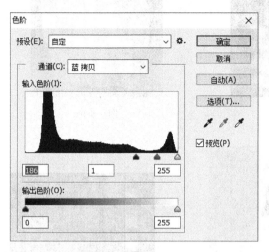

图　6-88

图　6-89

（4）选择黑色部分。使用【魔棒】工具 在工具属性栏中勾选"连续"，在画布黑色区域单击，将杯子外侧的黑色部分载入选区。

（5）抠取杯子。进入 RGB 状态，选择【图层】面板，反选图像（快捷键为 Shift＋Ctrl＋I），进入快速蒙版状态（快捷键为 Q 键），使用画笔和橡皮擦修正选区，退出快速蒙版（快捷键为 Q 键），按下 Ctrl＋J 快捷键复制杯子图层，实现抠取杯子的效果，取消选择。

（6）在【图层】面板中将背景隐藏，保存为背景透明的 png 格式文件。

6.6　利用通道抠取婚纱

6.6.1　知识要点

在【通道】面板中选择黑白对比明显的通道进行操作，在通道中保留灰色，做出半透明的感觉，见图 6-90。

6.6.2　实现步骤

（1）打开本章 6.6 节素材文件夹中的"婚纱照.jpg"。

（2）选取并复制通道。进入【通道】面板，分别选中红色通道、绿色通道和蓝色通道，见图 6-91～图 6-93。选择婚纱与背景黑白对比最明显的通道。在这个案例中，选择红色通道来进行操作。拖动"红通道"到【通道】面板中的【创建新通道】按钮 上，复制红色通道，产生"红 拷贝"通道，见图 6-94。

图 6-90

图 6-91

图 6-92

图 6-93

图 6-94

（3）调整黑白对比度。选择"红 拷贝"通道,选择【图像】→【调整】→【色阶】命令(快捷键为 Ctrl+L),打开【色阶】对话框,在该对话框中调整参数,见图 6-95。

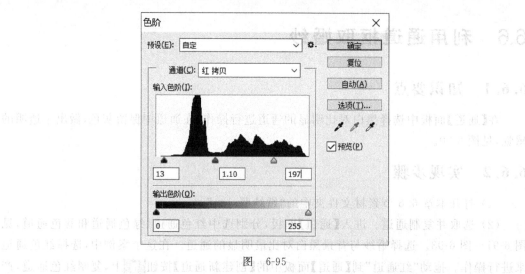

图 6-95

（4）选择人物轮廓。使用工具箱中的【磁性套索】工具 ，并将羽化值设置为两个像素，拖动鼠标将人物外轮廓载入选区，可以利用快速蒙版工具修正选区，效果见图 6-96。

提示：抠图可以综合运用所有学过的选区方法，例如魔术棒、钢笔、套索等，不要局限在单一的方法中。

（5）将背景填充黑色。选择菜单栏中的【选择】→【反向】命令，将选区内填充黑色，效果见图 6-97。

图　6-96　　　　　　　　　　　　　　　　图　6-97

（6）减去婚纱部分。选择菜单栏中的【选择】→【反向】命令，在工具箱中选择【多边形套索】工具 ，并在工具属性栏中选择"从选区减去"按钮 ，在画布上一边单击一边移动鼠标。选择半透明婚纱部分，分四次分别从选区中减去左右手臂下面的半透明婚纱和左右两侧手臂上面的半透明婚纱，减去右手臂下面的半透明婚纱部分，见图 6-98；减去左侧手臂上面的半透明婚纱部分，见图 6-99，完成后效果见图 6-100。

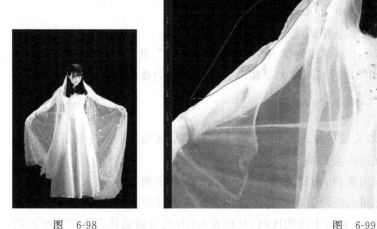

图　6-98　　　　　　　　　　　　　　　　图　6-99

（7）将人物主体填成白色。按下快捷键 D，设置背景色为白色；按下 Ctrl＋Delete 快捷键并使用背景色将选区内填充为白色，效果见图 6-101，在"红 拷贝"通道中白色的部分（人物主体）图像信息全部保留，黑色的部分（背景）不显示，灰色的部分（婚纱）半透明显示。

 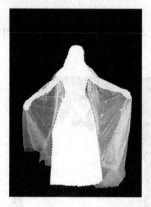

图　6-100　　　　　　　　　　　　图　6-101

（8）生成新通道。单击【通道】面板下方的"将选区存储为通道"按钮 ，保存选区为 Alpha 1 通道，Alpha 1 通道内的信息是去除半透明婚纱后人物的主体部分。

（9）将整体人物载入选区。在【通道】面板中选择"红 拷贝"通道，单击【通道】面板下方的"将通道作为选区载入"按钮 ，将人物载入选区。

（10）创建拷贝的图层。单击 RGB 复合通道，单击【图层】面板，按下 Ctrl＋J 快捷键，创建拷贝的图层，得到抠取好的人物图案，在【图层】面板中将背景图层隐藏。

（11）修改半透明婚纱的蓝色基调为白色。

① 将半透明婚纱载入选区。选择【选择】→【载入选区】命令，选择 Alpha 1 通道。将人物主体载入选区，按下 Shift＋Ctrl＋I 快捷键反选选区，选中半透明婚纱部分。

② 替换颜色。选择【图像】→【调整】→【替换颜色】命令，打开【替换颜色】对话框，在【选区】栏打开【拾色器（选区颜色）】对话框（见图 6-102），使用吸管在透明婚纱上拾取浅蓝色；在【替换】栏，设置颜色为白色，同时在【替换】栏设置【饱和度】为－100，见图 6-102，单击【确定】按钮。取消选择（快捷键为 Ctrl＋D）。

（12）将抠出的女孩保存为 png 格式文件。

（13）合成照片。打开本章 6.6 节素材文件夹中的"底图.jpg"，将去除背景的婚纱女孩的 png 文件置入到底图文件中，并适当调整大小和位置。完成后的效果见图 6-90。

6.6.3　知识解析

利用通道抠取婚纱和抠取头发的原理是相同的，在通道中呈现纯黑的部分是不需要的，纯白是需要保留的；灰度的强弱将会影响不透明度。

在步骤（5）中将背景填充为黑色，则背景部分将不被选取；在步骤（7）中将人物主体部分填充为白色，则是需要完全保留；在步骤（6）中将半透明部分从选区中减去，则这部分不填充为白色，保持灰度，灰度在通道中表示半透明区域，从而在 RGB 混合通道状态下产生半透明的婚纱效果。

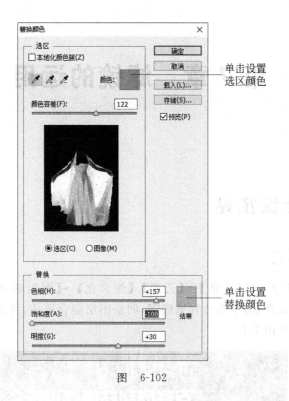

单击设置
选区颜色

单击设置
替换颜色

图　6-102

6.6.4　自主练习

要求：利用本章 6.6 节素材文件夹中的"婚纱练习.jpg"，自己按照上述步骤进行创作练习，背景图片可以去相关网站下载。

第7章 滤镜的运用

7.1 科技会议招贴

7.1.1 知识要点

分别利用滤镜菜单下的【渲染】→【云彩】、【像素化】→【铜板雕刻】、【模糊】→【径向模糊】、【模糊】→【高斯模糊】命令形成背景底图,调整图层混合模式,并调整色相和饱和度,使底图呈现蓝色,效果见图7-1。

图 7-1

7.1.2 实现步骤

(1)新建文件。名称为"科技会议招贴",宽度为600像素、高度为600像素、分辨率为150像素/英寸、颜色模式为RGB(8位),背景内容为"白色"。

(2)制作云彩效果。按下快捷键D,设置前景色为黑色、背景色为白色,选择【滤镜】→【渲染】→【云彩】命令,再选择【滤镜】→【渲染】→【分层云彩】命令,效果见图7-2。

(3)制作铜板雕刻效果。选择【滤镜】→【像素化】→【铜板雕刻】命令,参数设置为"中等点",效果见图7-3。

(4)对新图层制作缩放径向模糊效果。按Ctrl+J快捷键复制背景图层,得到"背景 拷贝"层。选择【滤镜】→【模糊】→【径向模糊】命令,参数设置见图7-4,效果见图7-5。

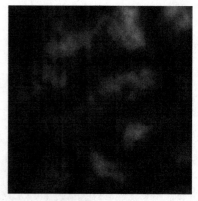

图 7-2

图　7-3

图　7-4

（5）对背景层制作旋转径向模糊效果。在【图层】面板中选择背景层，选择【滤镜】→【模糊】→【径向模糊】命令，参数设置见图 7-6。

图　7-5

图　7-6

（6）修改图层混合模式。在【图层】面板中选择"背景 拷贝"层，并将其图层混合模式设为"变亮"，见图 7-7，效果见图 7-8。

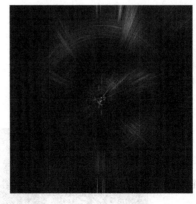

图　7-7

图　7-8

213

（7）在新图层上制作高斯模糊效果。按 Ctrl＋J 快捷键复制"背景 拷贝"图层，得到"背景 拷贝 2"图层。选择【滤镜】→【模糊】→【高斯模糊】命令，在其对话框中设"半径"为 2.0 像素。

（8）修改图层的混合模式。在【图层】面板中选择"背景 拷贝 2"图层，将其图层混合模式设为"颜色减淡"，效果见图 7-9。

（9）合并可见图层。重复按下 Ctrl＋E 快捷键合并所有图层，得到背景层。

（10）在新图层上制作高斯模糊效果。按 Ctrl＋J 快捷键复制背景层，得到"图层 1"。选择【滤镜】→【模糊】→【高斯模糊】命令，在其对话框中设置"半径"为 2.0 像素，并将"图层 1"的图层混合模式设置为"变亮"，效果见图 7-10。

图 7-9

图 7-10

（11）创建新的"色相/饱和度调整图层"。选择【视图】→【调整】命令，在打开的【调整】面板中分别单击"色相/饱和度"和"色阶"，见图 7-11。在【色相/饱和度】对话框中设置的参数值见图 7-12，在【色阶】对话框中设置的参数值见图 7-13，调整后效果见图 7-14。

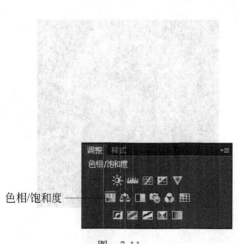

图 7-11

图 7-12

214

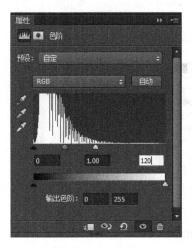

图　7-13　　　　　　　　　　　　　　　图　7-14

（12）裁切图片。选择工具箱中的【裁剪】工具，使用鼠标向上拖动下方中间位置的控制柄，保留图像的上半部分，见图 7-15，在裁剪框中双击确认操作。

（13）书写文字并调整到适当位置。按下快捷键 D，再按下快捷键 X，设置前景色为白色，使用【横排文字】工具输入文字，其中"2016"字体为 Britannic Bold，字号为 18；"互联网科技高峰论坛"和 "INTERNET＋SUMMIT FORUM"字体为汉真广标，字号为 18；"中国—北京　2016. 12. 21"和"China-Beijing 2016. 12. 21"字体为微软雅黑，字号为 10，并在【字符】面板中调整"2016.12.21"和"China-Beijing"的字间距为 －100。适当调整文字的位置，使之协调美观。

图　7-15

（14）设置文字图层样式。在【图层】面板中双击 "互联网科技高峰论坛"文字图层前的缩略图，在打开的【图层样式】对话框中选择【投影】选项，在其对话框中设置参数，见图 7-16。

（15）复制图层样式。在【图层】面板中的"互联网科技高峰论坛"图层上右击，在弹出的菜单中选择【拷贝图层样式】命令，分别在"2016"和"INTERNET＋SUMMIT FORUM"图层上右击，选择【粘贴图层样式】命令。

（16）绘制白色竖线。设置前景色为白色，在工具箱中选择【直线】工具，在工具属性栏中设置【工具模式】为"形状"，在画布上的"互联网科技高峰论坛"和"INTERNET＋SUMMIT FORUM"文字前面绘制白色直线，完成后效果见图 7-1。

（17）将文件保存为 psd 和 jpg 两种格式。

7.1.3　知识解析

（1）Photoshop 滤镜

Photoshop 使用滤镜可以改变图像像素的位置或颜色，从而产生各种特殊的图像效果。

215

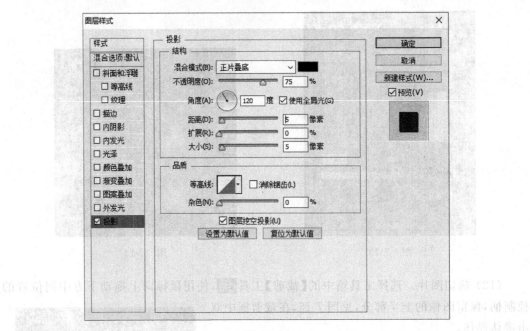

图　7-16

Photoshop 提供了大量滤镜,这些滤镜经过分组归类后放在【滤镜】菜单中。同时 Photoshop
还支持第三方开发商提供的增效工具,安装后这些增效工具滤镜出现在【滤镜】菜单的底部,
使用方法同内置滤镜相同。通过【滤镜】命令不仅可以对普通的图像进行特殊效果的处理,
还能够模拟各种绘画效果,如素描、油画、水彩等。

（2）滤镜库

Photoshop 的滤镜库是整合了多个常用滤镜组的设置对话框,例如【风格化】、【画笔描
边】、【扭曲】、【素描】、【纹理】和【艺术效果】滤镜,见图 7-17。

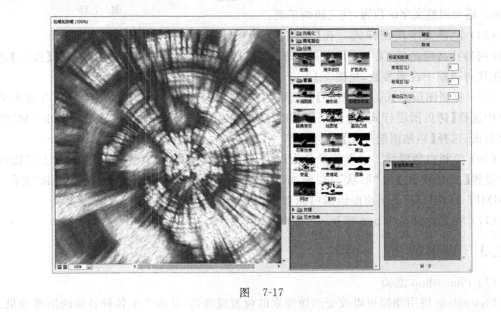

图　7-17

利用滤镜库可以累积应用多个滤镜或多次应用单个滤镜,还可以重新排列滤镜或更改已应用的滤镜设置。当需要应用多个滤镜时,在【滤镜库】对话框的右下角单击【新建效果图层】按钮 🔳,新建一个效果层,在滤镜库中选择其他的效果,如图 7-18 所示,每一个新效果图层可以附加一个滤镜效果。当需要删除某个滤镜效果,单击【删除效果图层】按钮 🗑,将不需要的效果层删除,在预览框中可以即时预览设置效果。

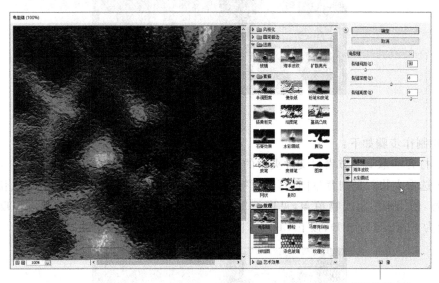

新建效果图层

图　7-18

（3）外挂滤镜

外挂滤镜是由第三方厂商为 Photoshop 所生产的滤镜,不但数量庞大,其种类繁多、功能不一,而且版本和种类不断升级和更新。

（4）部分滤镜解析

①【渲染】→【云彩】：该滤镜利用前景色和背景色之间的随机像素值在图像上产生云彩状效果。

②【像素化】→【铜板雕刻】：该滤镜用点、线条重新生成图像,产生金属版画的效果,将灰度图转化为黑白图,使彩色图更加饱和。

③【模糊】→【径向模糊】：该滤镜属于特殊效果滤镜,使用该滤镜可以将图像旋转成圆形或从中心辐射图像。

④【模糊】→【高斯模糊】：该滤镜可以根据高斯算法中的曲线调节像素的色值控制模糊程度,造成图像模糊的效果。

⑤【模糊】→【动感模糊】：该滤镜可以产生运动模糊,它是模仿物体运动时曝光的摄影手法,增加图像的运动效果。

7.1.4　自主练习

练习一：强化奔跑速度。

要求：用 Photoshop 的滤镜来为图片打造径向模糊与动感模糊效果,见图 7-19。

217

图 7-19

简要制作步骤如下：

（1）打开本章 7.1 节素材文件夹中的"跑步的人.jpg"。

（2）选取人物。复制背景图层（快捷键为 Ctrl＋J）为"图层 1"。按下 Q 键进入快速蒙版编辑状态，使用画笔将人物覆盖，见图 7-20，按下 Q 键退出快速蒙版编辑状态。反选选区（快捷键为 Shift＋Ctrl＋I），按下 Ctrl＋J 快捷键，将选中的人物复制为"图层 2"。

图 7-20

（3）对"图层 1"制作径向模糊。在【图层】面板中选择"图层 1"图层，选择【滤镜】→【模糊】→【径向模糊】命令，在其对话框中设置的参数见图 7-21，单击【确定】按钮，效果如图 7-22 所示。

（4）对"图层 2"制作动感模糊效果。

① 制作选区。在【图层】面板中选择"图层 2"，进入快速蒙版编辑状态（快捷键为 Q），利用【画笔】工具 在人物周围画出选区，见图 7-23，退出快速蒙版编辑状态（快捷键为 Q）。反选选区（快捷键为 Shift＋Ctrl＋I），并对选区执行半径为 2 像素的羽化，见图 7-24。

② 制作动感模糊。选择【滤镜】→【模糊】→【动感模糊】命令，在其对话框中设置参数见图 7-25，单击【确定】按

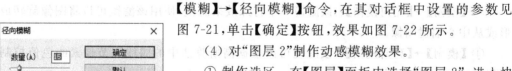

图 7-21

图 7-22

图 7-23

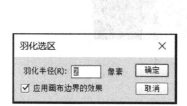

图 7-24

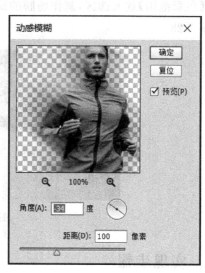

图 7-25

钮,完成后效果见图 7-17。

练习二:制作径向模糊效果,见图 7-26。

简要制作步骤如下:

(1) 打开本章 7.1 节素材中的"马路.jpg"文件。

(2) 选择【滤镜】→【模糊】→【径向模糊】命令,在其对话框中设置参数见图 7-27,单击【确定】按钮,效果见图 7-26。

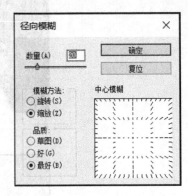

图 7-26　　　　　　　　　　　　　　　　　图 7-27

7.2　梦幻的光束翅膀

7.2.1　知识要点

利用【滤镜】工具中的【模糊】→【径向模糊】和【扭曲】→【旋转扭曲】等工具做成光束图案;利用【色彩范围】载入选区,制作翅膀的高亮部分;调整图像的混合模式,得到翅膀图案,效果见图 7-28。

图 7-28

7.2.2　实现步骤

(1) 打开素材文件夹中的"背景图.jpg",并在【图层】面板中单击背景层前面的眼睛,隐藏背景层。

(2) 新建图层并填充为黑色。新建"图层 1"(快捷键为 Shift+Ctrl+N),按下快捷键 D,再按下快捷键 X,设置前景色为白色,背景色为黑色。使用背景色填充图层(快捷键为

220

Ctrl＋Delete)。

（3）在新图层上绘制圆点。使用工具箱中的【画笔】工具 ✐，设置笔尖【硬度】为 100 的圆形，笔尖【大小】在 10～14 像素之间，在图片居中位置画出大小不一的圆点，见图 7-29。

（4）制作径向模糊效果。选择【滤镜】→【模糊】→【径向模糊】命令，在其对话框中设置参数见图 7-30。重复按下 Ctrl＋F 快捷键 4 次来加强模糊效果，效果见图 7-31。

图　7-29

图　7-30

（5）删除一半图形。使用工具箱中的【矩形选框】工具 ▣，在画布上选中图像右半边，按下 Delete 键删除一半图像，再取消选择（快捷键为 Ctrl＋D），删除后效果见图 7-32。

图　7-31

图　7-32

（6）扭曲图形。选择【滤镜】→【扭曲】→【旋转扭曲】命令，在其对话框中设置参数见图 7-33，扭曲后效果见图 7-34。

（7）制作高亮部分。执行【选择】→【色彩范围】命令，在其对话框中设置【颜色容差】为 15，用变为【吸管】工具的鼠标光标在图像最亮处单击取样，取样预览见图 7-35，单击【确定】按钮。设置前景色为白色，在选区内填充前景色（快捷键为 Alt＋Delete），取消选择（快捷键为 Ctrl＋D），效果见图 7-36。

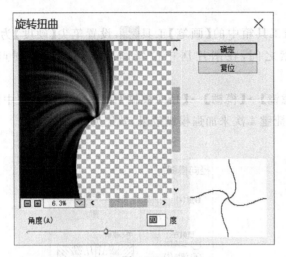

图 7-33

图 7-34

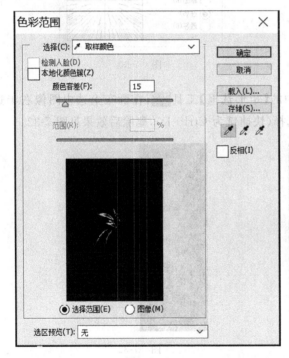

图 7-35

图 7-36

（8）制作另一个翅膀。复制"图层 1"（快捷键为 Ctrl＋J），得到"图层 1 拷贝"，对"图层 1 拷贝"选择【编辑】→【变换】→【水平翻转】命令，并适当变换角度和位置，效果见图 7-37。

（9）修改图层混合模式。在【图层】面板中显示背景层前面的眼睛，显示背景层。将"图层 1"和"图层 1 拷贝"的【图层混合模式】都修改为"滤色"，效果见图 7-38。

（10）置入女孩素材。置入本节素材文件夹中的"女孩.jpg"文件，适当调整女孩的位置和大小，使画面和谐美观。

（11）输入自己喜欢的文字。完成后的效果见图 7-25。

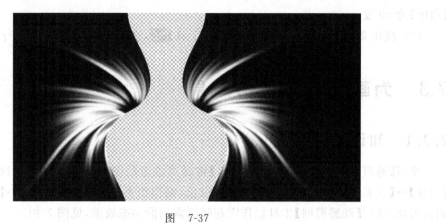

图　7-37

图　7-38

7.2.3　自主练习

要求：制作炫彩背景，见图 7-39。

简要制作步骤如下：

（1）打开本节素材文件夹中的"十月的花.jpg"。

（2）制作径向模糊效果。复制背景层，生成"背景 拷贝"层。选择【滤镜】→【模糊】→【径向模糊】命令，在其对话框中设置【数量】为 100，【模糊方法】为"缩放"，【品质】为"好"，重复按下 Ctrl＋F 快捷键 3 次来加强径向模糊效果。

（3）复制图层。复制"背景 拷贝"图层（快捷键为 Ctrl＋J），生成"背景 拷贝 2"图层，在【图层】面板中设置"背景 拷贝 2"图层混合模式为"叠加"。

图　7-39

（4）制作 USM 锐化效果。在【图层】面板中单击"背景拷贝"图层，选择【滤镜】→【锐化】→【USM 锐化】命令，在其对话框中设置【数量】为 500，【半径】为 250 像素，【阈值】为 2 色阶。

（5）制作旋转扭曲效果。选择【滤镜】→【扭曲】→【旋转扭曲】命令，在其对话框中设置

【角度】为 50 度。

（6）裁切文件。选择工具箱中的【裁剪工具】 ，选择需要的部分，并进行裁切。

7.3 为画面添加风雪效果

7.3.1 知识要点

使用【通道混合器】和【色相/饱和度】将绿意盈盈的图片调整出冬天肃穆的感觉，使用【选择】→【色彩范围】命令建立选区，填充白色，制作积雪效果，使用【滤镜】→【纹理化】命令制作雪花，使用【动感模糊】工具制作雪花随风飘扬的动态效果，见图 7-40。

图 7-40

7.3.2 实现步骤

（1）打开本章 7.3 节素材文件夹中的"素材.jpg"，见图 7-41。

图 7-41

（2）复制背景层。在【图层】面板中的"背景"图层上右击，在弹出的菜单中选择【复制图层】命令，生成"背景拷贝"图层。

（3）将绿树变黄。依次选择【图层】面板→【创建新的填充或调整图层】→【通道混合器】命令,见图 7-42,在打开的对话框中设置参数见图 7-43,效果见图 7-44。

创建新的填充
或调整图层

图　7-42

图　7-43

图　7-44

（4）降低图像的饱和度。依次选择【图层】面板→【创建新的填充或调整图层】→【色相/饱和度】命令,在打开的对话框中设置参数见图 7-45,【图层】面板见图 7-46,效果见图 7-47。

（5）建立选区。选择【选择】→【色彩范围】命令,在打开的对话框中设置【颜色容差】为80,使用变为【吸管】工具的鼠标指针在图像上单击白色路面部分,按住 Shift 键单击绿色青草部分,将白色路面和绿色区域载入选区,见图 7-48。

Photoshop 图形图像设计案例教程

图 7-45

图 7-46

图 7-47

图 7-48

226

（6）制作积雪效果。

① 羽化选区。按下 Shift＋F6 快捷键，打开【羽化选区】对话框，设置【羽化半径】为 5 像素，单击【确定】按钮。

② 在新图层中填充选区。按下快捷键 D 设置前景色为黑色、背景色为白色，新建"图层1"（快捷键为 Shift＋Ctrl＋N），按下 Ctrl＋Delete 快捷键在新图层上填充白色。

③ 设置"图层 1"的图层混合模式。在【图层】面板中设置【图层混合模式】为"滤色"，效果见图 7-49。

图　7-49

（7）在新图层上制作雪花效果。新建"图层 2"（快捷键为 Shift＋Ctrl＋N），按下 Alt＋Delete 快捷键填充黑色。选择【滤镜】→【滤镜库】→【纹理】→【纹理化】命令，在打开的对话框中设置参数见图 7-50。在【图层】面板中将"图层 2"的【图层混合模式】设为"滤色"。

（8）制作风雪效果。选择【滤镜】→【模糊】→【动感模糊】命令，在打开的对话框中设置参数见图 7-51，完成后效果见图 7-40。

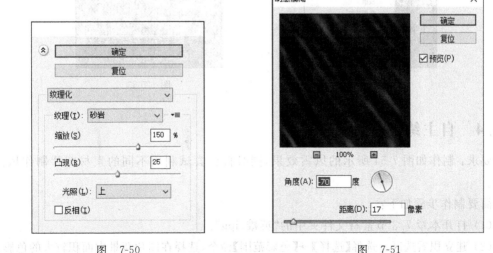

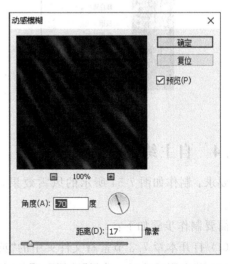

图　7-50　　　　　　　　　　　　　　　　图　7-51

227

7.3.3 知识解析

（1）创建新的填充或调整图层

在【图层】面板中单击【创建新的填充或调整图层】按钮 ，弹出如图 7-52 所示菜单。执行菜单中各条命令的效果与执行【图像】→【调整】中相应命令的效果相同，不同的是执行【创建新的填充或调整图层】命令，会在原有图层上生成一个效果层，不修改原有图像，并可以根据需要修改调整参数，或者恢复、删除调整图层。【图像】→【调整】命令只是对所选当前图层起作用，实施后不能修改参数。

（2）【调整】面板

选择【窗口】→【调整】命令，可以打开【调整】面板，如图 7-53 所示。该面板含了 16 个不同的调整命令（亮度/对比度、色阶、曲线、曝光度、自然饱和度、色相/饱和度、色彩平衡、黑白、照片滤镜、通道混合器、颜色查找、反相、色调分离、闸值、可选颜色、渐变映射），选择【调整】命令后，与【创建新的填充或调整图层】相同，也在图层上创建新的调整图层。

图 7-52

图 7-53

7.3.4 自主练习

要求：制作如图 7-54 所示的风雪效果，同时自己尝试利用不同的素材图片制作风雪效果。

简要制作步骤如下：

（1）打开本章 7.3 节素材文件夹中的"英雄.jpg"。

（2）建立积雪选区。选择【选择】→【色彩范围】命令，选择在图片背景中面积较大的色彩。

（3）在新图层上填充白色积雪。使用白色填充选区，如果积雪掩盖住主要内容，例如人

图　7-54

的面部,可以用不透明度较低的柔角橡皮擦除部分积雪。

(4) 制作雪花效果。仿照本节中"为画面添加风雪效果"的操作步骤(7)和步骤(8)。

7.4　制作彩色小贝壳

7.4.1　知识要点

利用【半调图案】制作条纹,【球面化】制作凸起的贝壳纹路,【自由变换工具】和【液化】滤镜塑造贝壳形状,利用【纹理化】使贝壳表面粗糙化,最后使用【色相/饱和度】工具制作五颜六色的小贝壳,效果见图 7-55。

图　7-55

7.4.2　实现步骤

(1) 新建文件。名称为"小贝壳"、宽度为 600 像素、高度为 600 像素、分辨率为 150 像素/英寸、颜色模式为 RGB(8 位)、背景内容为"白色"。

(2) 在新图层制作半调图案效果。

① 复制背景层。按下 Ctrl+J 快捷键复制背景层,建立"图层 1"。

② 半调图案。设置前景色为 RGB(212,204,129),背景色为白色。选择【滤镜】→【滤镜库】→【素描】→【半调图案】命令,在打开的对话框中设置【图案】类型为"直线",【大小】和【对比度】值分别为 12 和 50,见图 7-56,单击【确定】按钮。

图 7-56

③ 旋转图形。应用【半调图案】滤镜后图像中布满姜黄色横条纹,选择【编辑】→【变换】→【旋转 90 度(顺时针)】命令,对条纹图层进行旋转,成为竖条纹,效果见图 7-57。

(3)制作球面化效果。选择【滤镜】→【扭曲】→【球面化】命令,在打开的对话框中设置参数见图 7-58,单击【确定】按钮。

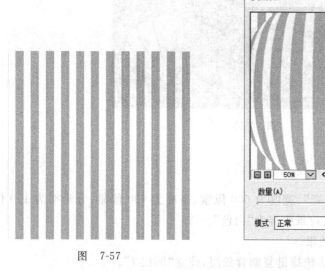

图 7-57

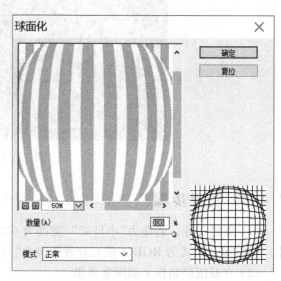

图 7-58

(4)删除球体多余部分。

① 绘制圆形。选择工具箱中的【椭圆选框】工具 ,在工具属性栏中设置【样式】为"固定大小",【宽度】为 600 像素、【高度】为 600 像素,见图 7-59。在画布上单击,然后移动选区

恰好包含球体。

　　② 反选删除。选择【选择】→【反选】命令（快捷键为 Shift＋Ctrl＋I），按 Delete 键删除多余部分，取消选择（快捷键为 Ctrl＋D），效果见图 7-60。

图　7-59

图　7-60

　　（5）将球体变形为贝壳形状。按下 Ctrl＋T 快捷键进入自由变换状态，在工具属性栏中的 W 和 H 处都输入 75％，将球体缩小至画布的 3/4 大小。不要取消自由变换的选框，选择【编辑】→【变换】→【透视】命令，在选框上部外侧的两个控制点中任选一点向外按下鼠标拖拽，下部外侧的两个控制点中任选一个向内拖拽，直至重叠，按 Enter 键确认操作，效果见图 7-61。

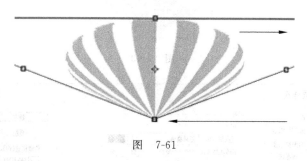

图　7-61

　　（6）收缩贝壳底部。选择【滤镜】→【液化】命令，在打开的对话框中选择【膨胀】工具，设置参数见图 7-62，在扇形底部单击 5～6 次（也可压住不动，稍停留几秒）。

　　（7）在新图层制作贝壳底色。按住 Ctrl 键并同时在【图层】面板中单击"图层 1"缩略图，将贝壳选区载入。新建"图层 2"（快捷键为 Shift＋Ctrl＋N），设置前景色为"R：242；G：230；B：112"，使用前景色填充新图层选区（快捷键为 Alt＋Delete），取消选择（快捷键为 Ctrl＋D）。在【图层】面板中将"图层 2"拖拽到"图层 1"下面。

　　（8）删除贝壳上的白色条纹。在【图层】面板中选择"图层 1"，选择【魔棒】工具，在工具属性栏中去掉【连续】前面的对号，在贝壳的白色条纹处单击，选中所有白色条纹，按Delete 键删除，透出"图层 2"的贝壳底色，效果见图 7-63。

　　（9）为贝壳添加图层样式。在【图层】面板中双击"图层 1"前面的缩略图，在打开的【图层样式】对话框中选择【投影】选项，参数设置见图 7-64。在【图层】面板中将贝壳所在"图层1"与贝壳底色图层"图层 2"合并（快捷键为 Ctrl＋E），并改名为"贝壳"，效果见图 7-65。

231

膨胀工具

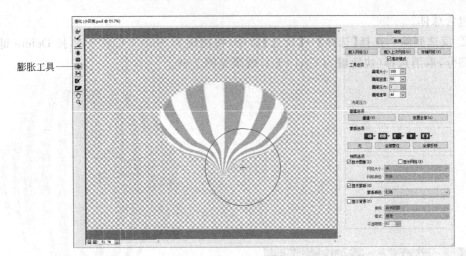

图　7-62

图　7-63

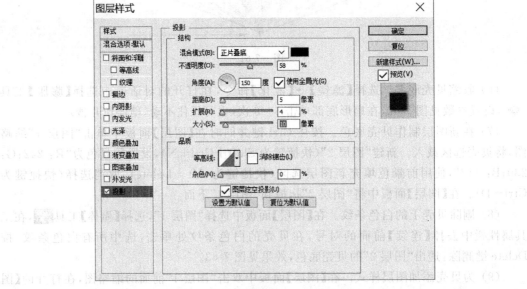

图　7-64

图　7-65

（10）利用图层样式制作同心圆。

① 制作白色新图层。新建图层（快捷键为 Shift＋Ctrl＋N），在【图层】面板中将新图层名称修改为"同心圆"，在工具箱中修改背景色为白色（此时前景色仍然为第（7）步设置的姜黄色），使用白色填充画布（快捷键为 Ctrl＋Delete）。

② 制作同心圆。在【图层】面板中双击"同心圆"图层前的缩略图，在打开的【图层样式】对话框中选择【渐变叠加】选项，在其对话框中设置【样式】为"径向" 样式(L): 径向 ，单击【渐变】右侧下三角按钮，在打开的面板中单击"透明条纹渐变"，见图 7-66，单击【确定】按钮，效果见图 7-67。

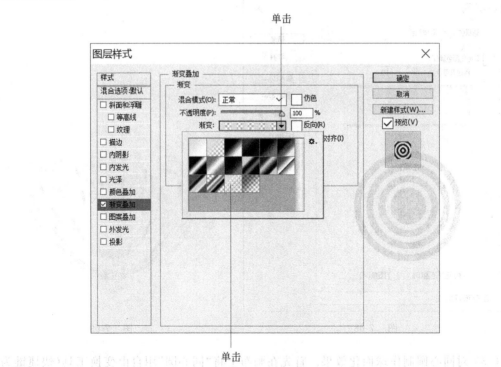

图　7-66

233

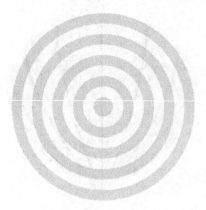

图 7-67

(11) 应用图层样式。在【图层】面板中选择"贝壳"图层,新建图层(快捷键为 Shift＋Ctrl＋N),名称为默认值,新图层在"同心圆"层与"贝壳"层之间。选择"同心圆"图层,用 Ctrl＋E 快捷键向下合并图层,将图层样式应用于"同心圆"图层,使"同心圆"图层变成普通图层。

(12) 删除白色区域。在"同心圆"图层,使用工具箱中的【油漆桶】工具 ，将最里层的白圈填充颜色前景色。选择【选择】→【色彩范围】命令,在打开的对话框中设置【颜色容差】为 10,见图 7-68,使用变为【吸管】工具的鼠标指针单击画面上白色部分,单击【确定】按钮后,按 Delete 键删除全部白色部分,取消选择(快捷键为 Ctrl＋D),效果见图 7-69。

图 7-68

图 7-69

(13) 对同心圆制作球面化效果。首先在画布上将"同心圆"用自由变换工具(快捷键为 Ctrl＋T)压成椭圆形,见图 7-70。其次在菜单栏中选择【滤镜】→【扭曲】→【球面化】命令,在打开的对话框中设置【数量】为 100,单击【确定】按钮。如果效果不明显,按下 Ctrl＋F 快捷

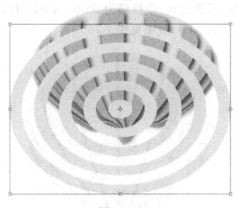

图 7-70   图 7-71

键重复执行【球面化】命令,效果见图 7-71。

　　(14) 删除同心圆的多余部分。用自由变换工具(快捷键为 Ctrl＋T)将"同心圆"缩放至合适大小,按 Enter 键确认操作。保持当前图层为"同心圆",按住 Ctrl 键,在【图层】面板中单击"贝壳"层前面的缩略图,载入贝壳的选区,反选选区(快捷键为 Shift＋Ctrl＋I),按下Delete 键删除同心圆多余部分,效果见图 7-72。

　　(15) 制作纹理化效果。

　　① 制作纹理。保持"同心圆"层为当前图层,选择【滤镜】→【纹理】→【纹理化】命令,在其对话框中设置参数见图 7-73。

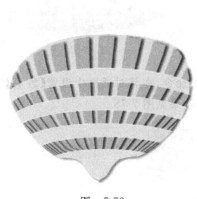

图 7-72   图 7-73

　　② 设置图层混合模式。在【图层】面板中将"同心圆"图层混合模式设为"正片叠底",不透明度为"58％",效果见图 7-74。

　　(16) 制作贝壳边缘锯齿。

　　① 合并图层。在【图层】面板中将"同心圆"层与"贝壳"层合并(快捷键为 Ctrl＋E),修改图层名字为"贝壳"。

　　② 制作锯齿。使用工具箱中的【多边形套索】工具 ，沿贝壳外缘频繁按下鼠标在贝

壳边沿勾出齿状,当起点和终点闭合形成封闭选区,反选选区(快捷键为 Shift+Ctrl+I),按 Delete 键删除部分贝壳边缘,取消选择(快捷键为 Ctrl+D),效果见图 7-75。

图 7-74   图 7-75

(17) 制作贝壳底部。

① 变换。复制合并后的"贝壳"图层(快捷键为 Ctrl+J),得到"贝壳拷贝"图层。单击 【图层】面板中"贝壳"图层前的眼睛,隐藏"贝壳"图层。在"贝壳拷贝"图层选择【编辑】→【变换】→【旋转 90°(逆时针)】命令,使图层旋转 90°。按下 Ctrl+T 快捷键,使用【自由变换】命令将其压成如图 7-76 所示形状,按 Enter 键确认操作。

② 制作齿状边沿。使用工具箱中的【多边形套索】工具 ,沿椭圆形贝壳频繁按下鼠标勾勒出棱角,见图 7-77,当起点和终点闭合形成封闭选区,反选选区(快捷键为 Shift+Ctrl+I),按下 Delete 键删除多余的部分,取消选择(快捷键为 Ctrl+D)。

图   7-76   图   7-77

③ 扭曲形状。选择【滤镜】→【扭曲】→【水波】命令,在其对话框中设置【数量】为 10,【起伏】为 5,【样式】为"水波池纹",单击【确定】按钮,效果见图 7-78。

图   7-78

④ 调整贝壳底部的位置。在【图层】面板中打开隐藏的"贝壳"图层前面的眼睛,将"贝壳拷贝"调整到贝壳层下面。在画布上适当调整贝壳底部的位置和大小,在【图层】面板中选择"贝壳"图层,按下 Ctrl+E 快捷键使两个图层合并,修改合并后的图层名称为"小贝壳"。

⑤ 设置图层样式。在【图层】面板双击合并后"小贝壳"图层的缩略图,在弹出的【图层样式】对话框中选择【投影】选项,在其对话框中设置参数见图 7-79。

⑥ 制作高光与投影。为了使贝壳看起来更具真实感,使用工具箱中的【减淡】工具 ,

236

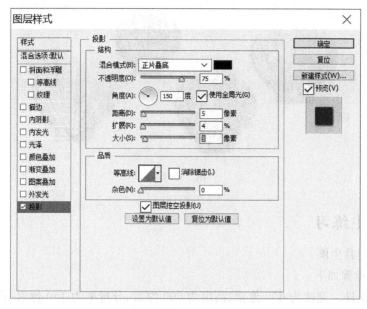

图　7-79

对贝壳边缘以及高光的部分进行减淡处理。然后单击【减淡】工具，右下角的三角形，将工具切换至【加深】工具，在贝壳两侧、下部和阴影处涂抹，位置及效果见图7-80。

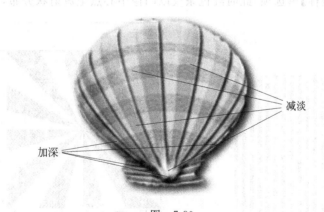

图　7-80

（18）制作多个贝壳。按下 Alt 键，使用鼠标在画布上拖动小贝壳，生成多个小贝壳，利用第 3 章所学习的调整【色相/饱和度】方法，得到不同颜色的多个贝壳，见图7-81。

（19）置入沙滩素材。选择【文件】→【置入嵌入的智能对象】命令（快捷键为 Alt＋F＋L），在打开的对话框中选择本章 7.4 节素材文件夹中的"沙滩.jpg"，单击【置入】按钮，双击置入图片上的叉号，确认置入操作。调整小贝壳的大小、位置和方向，见图7-55。

7.4.3　知识解析

（1）【扭曲】→【球面化】滤镜可以产生将图像贴在球面或柱面上的效果。

（2）【纹理】→【纹理化】滤镜可以产生许多纹理，专门用来做材质肌理。

图　7-81

7.4.4　自主练习

要求：制作救生圈。

简要制作步骤如下：

（1）新建文件。宽度为 600 像素、高度为 600 像素、分辨率为 150 像素/英寸、颜色模式为 RGB、背景内容为"白色"。

（2）设置前景色为红色，背景色为白色，在新图层制作半调图案，效果见图 7-82。

（3）制作极坐标效果。选择【滤镜】→【扭曲】→【极坐标】命令，在【极坐标】对话框中选择【平面坐标到极坐标】单选项，此时红色条纹以图像中心点呈放射状分布，效果见图 7-83。

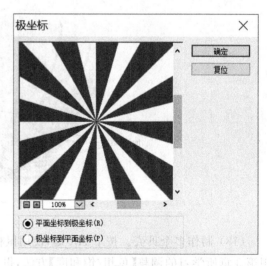

图　7-82　　　　　　　　　　　　　　　　　　　　　　　　图　7-83

（4）制作救生圈外径。选择【椭圆选框】工具 ⚬，按住 Shift＋Alt 快捷键，在图像中心点单击并向外拖动，绘制一个圆形选区（这个选区将决定救生圈的外径大小），然后选择【选择】→【反选】命令，按下 Delete 键将选区内的图像删除，效果见图 7-84。

（5）制作救生圈内径。再次将选区反选，选择【选择】→【变换选区】命令，按下 Shift＋Alt 快捷键拖动变换控制柄，使选区向图像中心缩小，见图 7-85，然后按下 Delete 键将选区内的图像删除，此时救生圈基本成型，取消选择，效果见图 7-86。

图　7-84

图　7-85

（6）制作立体效果。为救生圈图层添加【投影】和【内阴影】图层样式，使救生圈产生立体效果，效果见图 7-87。

图　7-86

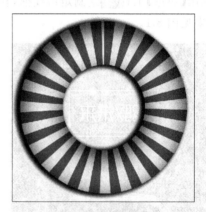

图　7-87

第 8 章　文 字 特 效

8.1　金属字效——汽车宣传海报

8.1.1　知识要点

利用【矩形】工具 ▣ 绘制矩形线框,利用【创建剪贴蒙版】命令在线框和文字里面嵌入图像,效果见图 8-1。

图　8-1

图　8-2

8.1.2　实现步骤

(1) 打开本章 8.1 节素材文件夹中的"汽车.jpg",见图 8-2。

(2) 绘制矩形线框。使用工具箱中的【矩形】工具 ▣,在工具属性栏中设置【工具模式】为"形状",【填充】为"无",【描边】宽度为 8 点,描边颜色为"白色",在画布上绘制一个矩形线框,生成"矩形 1"图层,在工具属性栏中修改 W 和 H 参数,见图 8-3,按 Enter 键确认操作。

图 8-3

（3）添加图层样式。在【图层】面板中双击"矩形 1"图层缩略图,在打开的【图层样式】对话框中选择【投影】选项,设置参数见图 8-4,效果见图 8-5。

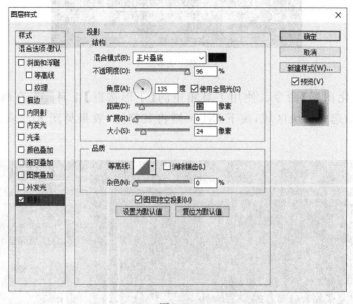

图 8-4

图 8-5

（4）为矩形线框嵌入金色底图。选择【文件】→【置入嵌入的智能对象】命令（快捷键为 Alt＋F＋L）,在打开的对话框中选择本章 8.1 节素材文件夹中的"金色.jpg",单击【置入】按钮,双击置入图片上的叉号,确认置入操作。在【图层】面板中将"金色"图层置于"矩形 1"图层上方。在"金色"图层上右击,选择【创建剪贴蒙版】命令,效果见图 8-6。

（5）制作枚红色矩形线框。仿照步骤（2）～步骤（4）制作枚红色矩形线框,在工具属性面板中修改【描边】宽度为 5 点,W 为 650 像素,H 为 300 像素。置入本章 8.1 节素材文件夹中的"玫红.jpg"。

（6）修改红色矩形线框。在【图层】面板中选择"矩形 2",即枚红色矩形线框图层,右

图 8-6

击并选择【栅格化图层】命令。使用工具箱中的【矩形选框】工具 ⬛，在画布上枚红色矩形线框底部拖动选中一块区域，按下 Delete 键将其删除，效果见图 8-7，取消选择（快捷键为 Ctrl+D）。

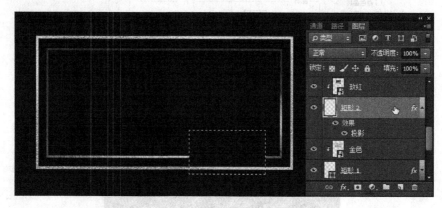

图 8-7

（7）制作 BMW 文字效果。

① 输入文字。使用工具箱中的【横排文字】工具 ⬛，设置字体为 Charlemagne std，字号为 65 点，颜色为"白色"，输入文字"BMW"。

② 嵌入图像。在【图层】面板中选择"金色"图层，复制"金色"图层（快捷键为 Ctrl+J），得到"金色 拷贝"图层，将"金色 拷贝"图层调整到 BMW 文字图层上方，在"金色 拷贝"图层上右击，选择【创建剪贴蒙版】命令，【图层】面板和效果见图 8-8。

（8）输入文字。使用工具箱中的【横排文字】工具 ⬛，设置字体为"造字工房郎倩"，字号为 140 点，颜色为"白色"，输入"驾驭未来"，单击工具属性栏中的【提交当前所有编辑】按钮 ✓。

（9）设置文字图层样式。在【图层】面板中双击"驾驭未来"图层缩略图，在打开的【图层样式】对话框中选择【投影】选项，设置【距离】参数为 12 像素，【扩展】为 0，【大小】为 9 像素，其他参数仍用默认值，效果见图 8-9。

（10）嵌入金色底图。仿照步骤（4）为"驾驭未来"文字图层嵌入金色底图，见图 8-10。

（11）制作文字上的明暗效果。新建"图层 1"（快捷键为 Shift+Ctrl+N），在工具箱中设置前景色为白色，选择【画笔】工具 ⬛，选择圆形笔尖，【大小】为 70，【硬度】为 0，【不透明

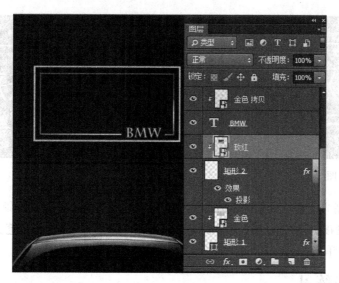

图　8-8

图　8-9

图　8-10

度】为 60,在文字上随意涂抹几笔,见图 8-11。在【图层】面板中的"图层 1"上右击,选择【创建剪贴蒙版】命令,效果见图 8-12。

　　(12)输入宣传语。在工具箱中选择【横排文字】工具 T,设置字体为"方正兰亭超细黑简体",大小为 42 点,颜色为白色,输入"创新可持续发展与高端汽车特征结合起来",单击【提交当前所有编辑】按钮 ✓。

图 8-11   图 8-12

(13) 绘制亮光点缀。在【图层】面板中选择【画笔】工具 ，设置前景色为白色,【不透明度】为 100,【硬度】为 0,分别选择圆和十字星画笔笔尖形状,适当调整笔尖的大小,在画布上金色外边框处单击,绘制亮光点缀。完成后效果见图 8-1。

8.1.3 自主练习

要求:利用本课学习的知识制作铁锈字,见图 8-13。

图 8-13

简要制作步骤如下:

(1) 新建文件。

(2) 书写文字,选择比较粗壮的字体,添加图层样式为投影。

(3) 置入本章 8.1 节素材文件夹中的"生锈.jpg"图片,利用【创建剪贴蒙版】命令将图片嵌入到文字中。

(4) 设置文字图层的"图层样式"。

8.2 立体字效——"双 11"促销广告

8.2.1 知识要点

利用【浮雕效果】结合【复制变换】命令(快捷键为 Alt＋Ctrl＋T)和【重复复制变换】命令(快捷键为 Shift＋Alt＋Ctrl＋T),打造出立体文字,效果见图 8-14。

8.2.2 实现步骤

(1) 新建文件。名称为"双 11 促销",宽度为 7000 像素,高度为 3500 像素,分辨率为

图　8-14

72,颜色模式为 RGB 颜色(8 位),背景内容选择"其他",在打开【拾色器(新建文件背景颜色)】对话框中选择黑色。

(2) 输入文字并设置文字格式。单击工具箱中的【横排文字】T·按钮(快捷键为 T),在工具属性栏中设置字体为"汉真广标",字号为 150 点,设置消除锯齿的方法为"浑厚",字体颜色为"R:255;G:255;B:0",在画布上输入"双 11 来了"字符,单击工具属性栏中的【提交当前所有编辑】按钮✓,见图 8-15。

图　8-15

(3) 栅格化图层。在【图层】面板中的"双 11 来了"文字图层上右击,在弹出的快捷菜单中选择【栅格化文字】命令,将文字图层转换为普通图层。

(4) 添加图层样式。双击【图层】面板中的"双 11 来了"图层缩略图,在打开的【图层样式】对话框中选择【斜面和浮雕】选项,设置【样式】为"浮雕效果",【大小】为 1 像素,【不透明度】为 50,阴影颜色为"R:132;G:97;B:2",见图 8-16。

(5) 应用图层样式。新建图层(快捷键为 Shift+Ctrl+N),在【图层】面板中同时选择新图层和"双 11 来了"图层,合并图层(快捷键为 Ctrl+E),修改合并后图层名称为"双 11 来了"。

(6) 创建 3D 文字效果。首先按下 Alt+Ctrl+T 快捷键,文字进入变换状态,分别按键盘上的向左和向上小箭头各一次,按 Enter 键确认变换操作。按 10 次 Alt+Shift+Ctrl+T

245

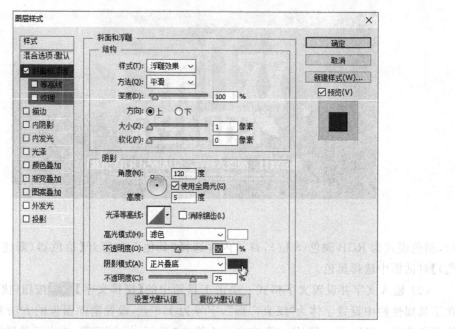

图　8-16

快捷键,效果见图 8-17。

图　8-17

(7) 合并图层。在【图层】面板中选择"双 11 来了"图层,按 Shift 键同时单击最后一个 "双 11 来了 拷贝 11",合并所有与"双 11 来了"相关的图层(快捷键为 Ctrl+E)。

(8) 将"11"剪切为新图层。在工具箱中选择【套索】工具 ，将"11"勾选出来,见图 8-18,选择【图层】→【新建】→【通过剪切的图层】命令(快捷键为 Shift+Ctrl+J),生成新"图层 1"。

(9) 将"11"增高。按下 Ctrl+T 快捷键,进入变换状态,向上拖拽上方中间的控制柄,增加 11 的高度为,见图 8-19,按 Enter 键确认变换操作。

(10) 用相同的过程完成"低价狂欢"字样,字号为 120 点。

(11) 置入背景图片。选择【文件】→【置入嵌入的智能对象】命令(快捷键为 Alt+F+

图　8-18

图　8-19

L),在打开的对话框中选择本章8.2节素材文件夹中的"双11背景.jpg",单击【置入】按钮,双击置入图片上的叉号,确认置入操作。在【图层】面板中将"双11背景"图层调整到文字层下面,适当调整文字的位置和大小,效果见图8-20。

图　8-20

(12) 为文字的黄色正面单独建立图层。新建图层(快捷键为 Shift＋Ctrl＋N),修改图层名称为"文字面"。在【图层】面板中将"文字面"图层调整到最顶层。选择工具箱中的【魔棒】工具 ✦，在工具属性栏中设置参数见图 8-21。在画布上单击黄色部分。将所有文字的正面载入选区，使用前景色填充选区（快捷键为 Alt＋Delete），取消选择（快捷键为 Ctrl＋D）。

图　8-21

（13）嵌入背景材质素材。置入本章 8.2 节素材文件夹中的"文字背景.jpg"，在【图层】面板中将置入的"文字背景"图层调整到"文字面"图层上方，按住 Alt 键，把鼠标移至两图层中间位置，当鼠标光标变成 ╬▢ 形状时单击，此时素材嵌入到文字图形内。

（14）置入光效素材。置入本节素材文件夹中的四个 png 格式的光效素材，摆放到合适位置，完成后效果见图 8-14。

8.2.3　自主练习

要求：请使用"金梅毛张楷简体""方正粗倩简体"字样制作文字效果，见图 8-22。在制造高光效果的时候注意光线来源与反射原理。

简要制作步骤如下：

（1）共有 3 个文字图层，分别为"美""丽"和"俏佳人"图层。其中文字"美"和"俏佳人"图层字符颜色为"R：254；G：5；B：69"，文字"丽"图层字符颜色为"R：254；G：148；B：97"。

（2）将文字"丽"图层调整出透视效果。选择【编辑】→【变换】→【变形】命令，对文字进行调整，使文字出现透视效果，见图 8-23。

图　8-22

图　8-23

（3）仿照"8.2　立体字效——双 11 促销广告"制作步骤制作立体效果。

（4）制作阴影和高光效果。使用【加深】工具 ⬤、【减淡】工具 🔍 制作高光和阴影效果。

（5）置入点缀元素。文字效果做完之后，置入本节素材文件夹中的"花样 3.png""花样 4.png""花样 5.png"，摆放在合适位置。完成后效果见图 8-22。

8.3　毛绒字效——玩具店海报

8.3.1　知识要点

借助【图层】面板制作文字立体效果,使用【画笔】面板设置画笔笔尖形状和动态效果,利用【画笔】工具绘制毛绒文字效果,使用【加深】或【减淡】工具增强毛绒字真实效果,效果见图 8-24。

图　8-24

8.3.2　实现步骤

(1) 新建文件。名称为“玩具店”,宽度为 1000 像素、高度为 500 像素、分辨率为 200 像素/英寸、颜色模式为 RGB 颜色、背景内容为“白色”。

(2) 输入文字并设置文字格式。在工具箱中设置前景色为“R：204；G：37；B：114”,单击工具箱中的【横排文字】 T 按钮(快捷键为 T),在工具属性栏中设置字体、字号等字符参数值,见图 8-25,在画布上输入“小窝玩具店”字符,单击工具属性栏中的【提交当前所有编辑】按钮 ✓。

图　8-25

(3) 栅格化图层。在【图层】面板中的“小窝玩具店”文字图层上右击,在弹出的快捷菜单中选择【栅格化文字】命令,将文字图层转换为普通图层。

(4) 添加图层样式。在【图层】面板中双击“小窝玩具店”图层的缩略图,在弹出的【图层样式】对话框中分别选择【投影】、【内阴影】、【斜面和浮雕】、【颜色叠加】四个选项,其中,设置【投影】颜色的参数值为“R：152；G：30；B：88”,【内阴影】颜色的参数值为“R：194；G：

22;B：101"，【颜色叠加】颜色的参数值为"R：231；G：22；B：142"，其他参数值见图 8-26～
图 8-29。

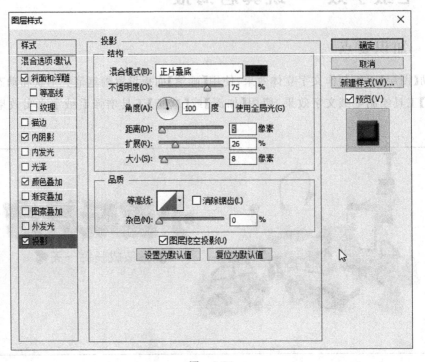

图　8-26

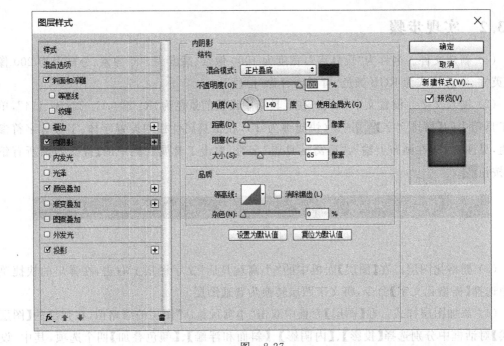

图　8-27

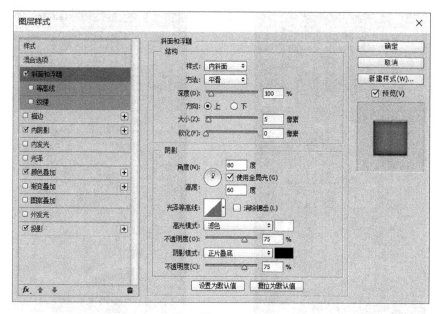

图 8-28

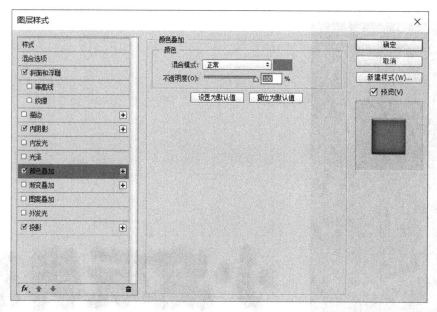

图 8-29

（5）设置绒线画笔。单击工具箱中的【画笔】工具 ![画笔](快捷键为 B)，选择【窗口】→【画笔】命令，打开【画笔】面板，选择【画笔笔尖形状】为 ![]，设置【大小】为 28 像素，【间距】为 25%，见图 8-30。设置【形状动态】参数，见图 8-31，设置【散布】参数，见图 8-32，选中【平滑】选项。

（6）打造绒线字效。单击【图层】面板中的"新建图层"按钮 ，新建"图层 1"，在画布上利用绒线画笔沿字体轮廓涂抹，并且利用【加深】 ![】或【减淡】 ![工具(快捷键为 O)制作绒线的深浅效果，见图 8-33。

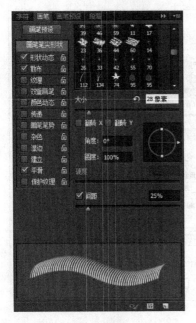

图 8-30

图 8-31

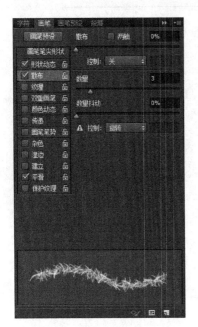

图 8-32

图 8-33

(7) 置入背景图片。选择【文件】→【置入嵌入的智能对象】命令（快捷键为 Alt＋F＋L），在打开的对话框中选择本章 8.3 节素材文件夹中的"玩具店.jpg"，单击【置入】按钮，双击置入图片上的叉号，确认置入操作。在【图层】面板中将背景图片调整到文字层下面，适当调整文字的位置和大小，效果见图 8-24。

8.3.3 自主练习

要求：制作如图 8-34 所示青草字。

简要制作步骤如下：

（1）打开本节素材文件夹中"纹理.jpg"，见图 8-35。

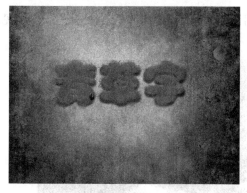

图 8-34   图 8-35

（2）输入文字。输入文字"青草字"，字符参数设置，见图 8-36。

图 8-36

（3）栅格化图层。

（4）参考"8.3 毛绒字效——玩具店海报"的步骤（4）和步骤（5）为文字添加图层样式并设置小草画笔。

（5）打造小草字效。新建"图层 2"。设置前景色为"R：132；G：97；B：2"，背景色为"R：73；G：163；B：35"，在"图层 2"利用小草画笔沿字体轮廓涂抹，并且利用【加深】和【减淡】工具调整小草的深浅效果，见图 8-37。

图 8-37

（6）为图层附上瓢虫。置入本节素材文件夹中的"瓢虫.png"，适当调整瓢虫的位置和大小，完成后效果见图 8-34。

253

8.4　火焰字效——摩托车促销海报

8.4.1　知识要点

　　主要利用【通道】、【光照效果】制作文字,用【涂抹】等工具制作火焰燃烧的效果,见图 8-38。

图　8-38

8.4.2　实现步骤

　　(1) 新建文件。名称为"摩托车促销海报",宽度为 800 像素,高度为 600 像素,分辨率为 120 像素/英寸,颜色模式为 RGB 颜色。

　　(2) 设置前景色和背景色。设置前景色为"R:206;G:206;B:206",背景色为黑色,使用背景色填充画布(快捷键为 Ctrl+Delete)。

　　(3) 输入文字并设置文字格式。单击工具箱中的【横排文字】🅣 按钮(快捷键为 T),设置字体、字号等参数,见图 8-39,在画面中输入"霸"字。在【图层】面板中的"霸"字图层上右击,选择【栅格化文字】命令。

图　8-39

　　(4) 制作模糊效果。按下 Ctrl 键,同时单击【图层】面板中"霸"字图层的缩略图,将文字选区载入。选择【通道】面板,单击【通道】面板中的【将选区存储为通道】◙ 命令,创建新通道 Alpha 1。保持选区,选择【滤镜】→【模糊】→【高斯模糊】命令,在打开的【高斯模糊】对话框中设置参数值,见图 8-40,取消选择(快捷键为 Ctrl+D)。

　　(5) 打造文字金属质感。

　　① 实施光照效果。在【图层】面板中选择"霸"图层,在菜单栏中选择【滤镜】→【渲染】→【光照效果】命令,在弹出的【光照效果】对话框中选择"聚光灯",【纹理】为 Alpha 1,调整聚光灯方向和参数值,见图 8-41。

　　② 调整曲线。选择【图像】→【调整】→【曲线】命令(快捷键为 Ctrl+M),在弹出的【曲线】对话框中设置参数,见图 8-42。

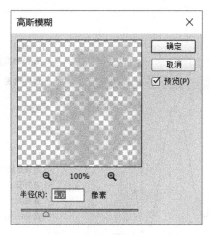

图　8-40

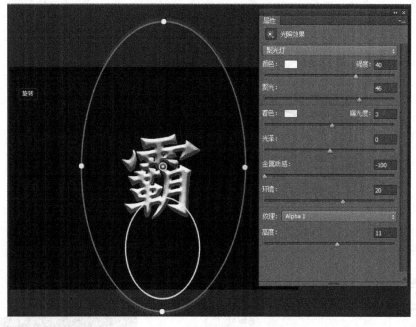

图　8-41

③ 着色。选择【图像】→【调整】→【色彩平衡】命令(快捷键为 Ctrl＋B),在弹出的【色彩平衡】对话框中选择【阴影】,选中【保持明度】,调整效果和参数值,见图 8-43。

④ 加深颜色。选择【图像】→【调整】→【色阶】命令(快捷键为 Ctrl＋L),在弹出的【色阶衡】对话框中设置参数,见图 8-44。

⑤ 复制图层。按 Ctrl＋J 快捷键 2 次复制图层,在【图层】面板中将三个图层名称分别修改为"霸字""动感效果"和"火焰",【图层】面板见图 8-45。

⑥ 添加图层样式。在【图层】面板中双击最上面的"霸字"图层的缩略图,在弹出的【图层样式】对话框中设置【外发光】颜色的参数值为"R:255;G:237;B:190",其他参数见图 8-46;设置【斜面和浮雕】阴影模式的颜色参数值为"R:69;G:8;B:0",其他参数见图 8-47。

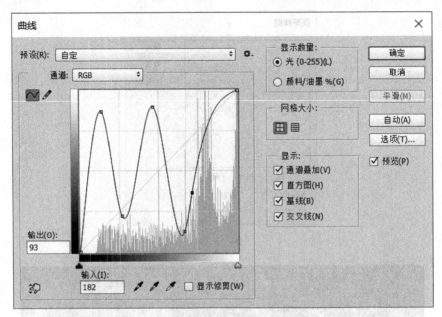

图　8-42

图　8-43

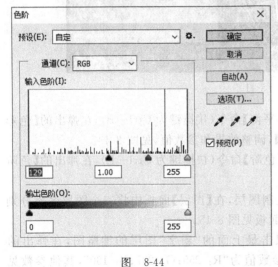

图　8-44

图 8-45

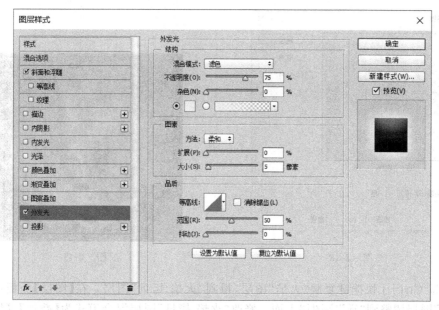

图 8-46

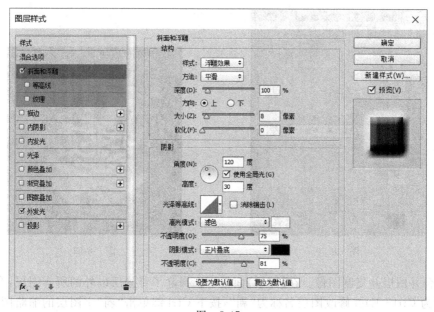

图 8-47

（6）制作火焰效果。

① 制作动感效果。在【图层】面板中选择"动感效果"图层。选择【滤镜】→【模糊】→【动感模糊】命令，在弹出的【动感模糊】对话框中设置参数值，见图 8-48。

② 添加火焰效果。在【图层】面板中得到"火焰"图层。在工具箱中单击【涂抹】工具 ，在工具属性栏中设置笔画【大小】为 45，【硬度】为 0，【强度】为 80%，在"霸"字图层上涂抹，效果见图 8-49。

257

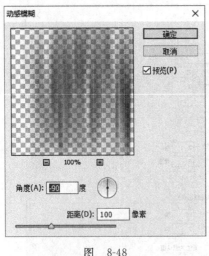

图　8-48

图　8-49

③ 按 Ctrl+J 快捷键复制"火焰"图层,得到"火焰 拷贝"图层。在【图层】面板中将"火焰 拷贝"图层调整到"霸"字图层上面。修改"火焰 拷贝"图层混合模式为【叠加】,【图层】面板见图 8-50,效果见图 8-51。

图　8-50

图　8-51

④ 合并图层并复制图像。在【图层】面板中选择除了背景层以外的所有图层,合并图层(快捷键为 Ctrl+E)并修改图层名称为"霸",按下 Ctrl 键单击"霸"字图层的缩略图,将选区载入,选择【编辑】→【复制】命令(快捷键为 Ctrl+C)。

(7) 制作海报效果。

① 打开文件并粘贴图像。打开本章 8.4 节素材文件夹中的"摩托车.jpg",选择【编辑】→【粘贴】命令(快捷键为 Ctrl+V),将"霸"字粘贴到海报中,适当调整文字的大小和位置,参考图 8-38。

② 输入文字"气归来"并设置文字的格式。单击工具箱中的【横排文字】工具 T (快捷键为 T),在画面中输入"气归来"字符,并选择文字,在工具属性栏中修改字体为"文鼎特粗宋简",字号为 100,文字颜色为"R:58;G:206;B:206",消除锯齿的方法为

"平滑"。

（8）设置文字图层样式。在【图层】面板中双击图层"气归来"的缩略图，在弹出的【图层样式】对话框中选择【投影】选项，设置参数值见图 8-52，完成后效果见图 8-38。

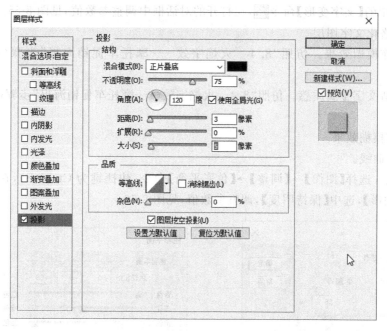

图　8-52

8.4.3　自主练习

要求：制作如图 8-53 所示文字效果。

图　8-53

简要制作步骤如下：

（1）打开本节素材文件夹中的"蓝色藤蔓.jpg"，输入文字"幽静森林"，字体为"方正粗活意简体"，其他参数见图 8-54。

（2）变形文字。选择"幽静森林"文字图层，单击工具箱中的【横排文字】工具 ，选择

259

图 8-54

工具属性栏中的【文字变形】命令 ，在打开的对话框中调整参数值，见图 8-55。

（3）栅格化文字图层。

（4）制作模糊效果。仿照"8.4 火焰字效——摩托车促销海报"步骤（4）制作模糊效果。

（5）打造文字金属质感。仿照"8.4 火焰字效——摩托车促销海报"步骤（5）完成如下步骤。

① 制作模糊效果。

② 调整曲线。

③ 着色。选择【图像】→【调整】→【色彩平衡】命令（快捷键为 Ctrl＋B），在弹出的对话框中选择【阴影】，选中【保持明度】，调整参数值，见图 8-56。

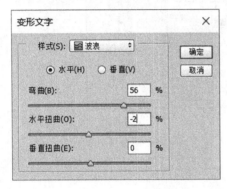

图 8-55

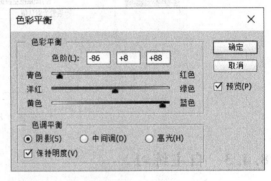

图 8-56

（6）制作火焰效果。仿照"8.4 火焰字效——摩托车促销海报"步骤（6）制作火焰效果，见图 8-57。

图 8-57

（7）制作文字倒映效果。

① 复制图层。选择【图层】面板中的"幽静森林"图层，按 Ctrl＋J 快捷键复制图层，得到

"幽静森林 拷贝"图层。

② 垂直翻转。选择【编辑】→【变换】→【垂直翻转】命令,使用【移动】工具 将翻转后的文字移动到原文字下方。

③ 添加蒙版。在【图层】面板中为"幽静森林 拷贝"添加蒙版,使用线性渐变填充工具对蒙版层进行填充,填充方向和【图层】面板见图 8-58。

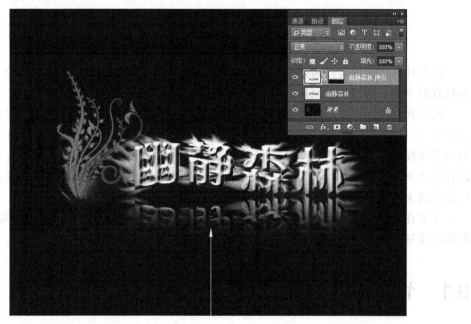

图 8-58

(8) 在新图层上绘制星光。新建图层,使用【画笔】工具点缀白色星光,完成后效果见图 8-53。

第 9 章   淘宝网店装修

在设计网店店铺装修时,应该向买家展示产品最真实、最漂亮、功能最全面的一面,这样不仅有助于宝贝的销售,而且还能够帮助买家快速找到适合自己的产品。

网店在设计上主要依据销售商品的特点来定位店铺风格,比如本章案例以"竹制蒸笼"店铺为例,就要体现福建宁德的地域特性,潮湿多雾、气候湿润,适合柳杉和毛竹的生长,为竹制蒸笼提供丰富的原材料等。店铺装修在确定风格的同时,需要迎合大多数人的口味。设计图要突出产品,背景简洁,从而更好地为产品服务,同时向买家传递丰富的商品信息,比如商品的大小、功能和颜色款式等特点。

买家在购买产品时,无法面对实体商品,因此宝贝图片就是展示商品的最直观手段。好的图片能够快速吸引买家的注意,网店的宝贝图片要清晰漂亮,重点突出。

9.1   竹制蒸笼店铺首页设计与制作

竹制蒸笼店铺首页设计与制作包括店铺店招、轮播海报、宝贝展示海报、底部信息条四部分,见图 9-1。

9.1.1   制作店铺店招

本案例是一个"竹制蒸笼店",店铺名称是"竹裕杉",以经营各种竹制蒸笼和蒸饭木桶为主,特色是纯手工编制,店铺店招见图 9-2。

(1) 新建文件。名称为"店招",宽度为 1920 像素,高度为 150 像素,分辨率为 72 像素/英寸,颜色模式为 RGB 颜色(8 位),背景内容为"白色"。

(2) 绘制三条参考线。

① 绘制垂直参考线。首先选择【编辑】→【首选项】→【单位与标尺】命令,打开其对话框,在【单位】选项组设置【标尺】为"像素"。其次选择【视图】→【新建参考线】命令,设置【取向】为"垂直",位置为 448 像素,建立第二条垂直参考线,设置参数为 1472 像素。

② 绘制水平参考线。再次选择【视图】→【新建参考线】命令,建立一条水平参考线,设置参数为 120 像素。网站设计的主要内容将全部在垂直参考线以内,见图 9-3。

(3) 绘制"关注",见图 9-4。

① 使用工具箱中的【圆角矩形】工具 ▭ ,设置前景色为枚红色(R:186;G:18;B:36),在工具属性栏中设置【工具模式】为"形状",在画布上绘制圆角矩形,并在工具属性栏中修改 W 为 70 像素,H 为 18 像素,【半径】为 20 像素,【描边】为"无"(单击描边图标右下角三角,

图 9-1

图 9-2

图 9-3

图 9-4

在弹出对话框中选择 ，见图 9-5。

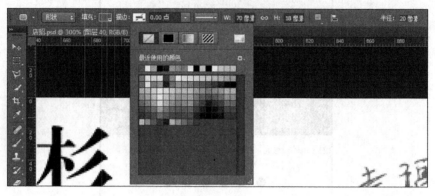

图 9-5

② 设置前景色为白色，选择【自定形状】工具 里的"心形"，绘制一颗白色心形，适当调整大小，将心形放置于圆角矩形中。

③ 输入文字。输入"关注"两个字，字体为"黑体"，字号为 13 点，字色为白色。

（4）从本章素材文件夹中置入"Logo 竹裕杉.jpg"，并调整大小和位置，见图 9-6。

图 9-6

（5）沿路径书写文字。使用【钢笔】工具 绘制弧形路径，使用【横排文字】工具 沿路径输入"幸福又滋味"标语，设置文字字体为"叶根友钢笔行书"，字号为 30 点，字色为"黑色"，见图 9-7。

 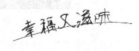

图 9-7

（6）对路径描边。

① 设置画笔。新建"图层 1"，设置前景色为黑色，选择【画笔】工具，调整画笔笔尖为圆形，【大小】为 2 像素，【硬度】为 100，【不透明度】为 100。选择【窗口】→【画笔】命令，在打开的【画笔面板】中选择【形状动态】，参数设置见图 9-8。

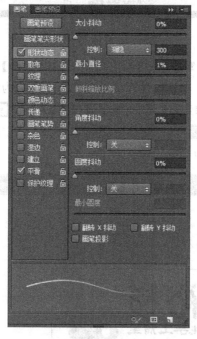

图　9-8

② 对路径描边并输入英文。在【路径】面板中单击【用画笔描边路径】按钮○，绘制一条渐隐的曲线，适当向下调整曲线位置。输入英文字母"change lets your life be happier!"，字体为 Freestyle Script，字号为 24 号，效果见图 9-9。

图　9-9

（7）置入本章素材文件夹中的素材"蒸笼 1.jpg"图片，并调整大小和位置；置入素材"叶子.jpg"图片，并调整大小和位置，见图 9-2。

（8）制作"收藏本店"。新建"图层 2"，使用工具箱中的矩形选框工具，设置前景色为玫红色（R：186；G：18；B：36）。选择【编辑】→【描边】命令，在打开的对话框中设置【宽度】为 6 像素，单击【确定】按钮。取消选择（快捷键为 Ctrl＋D），然后用【橡皮擦】工具进行适当擦除。输入文字"收藏本地"，字色为"玫红"，字体为"黑体"，字号为 24 点，效果见图 9-10。

（9）制作导航条。

① 绘制黑色长条矩形。使用工具箱中的【矩形】工具，设置【工具模式】为"形状"，

265

【填充】为黑色,在画布上沿水平参考线绘制黑色矩形,见图 9-11。

图 9-10   图 9-11

② 绘制枚红色矩形并书写文字。使用工具箱中的【矩形】工具 ■,设置前景色为枚红色(R:186;G:18;B:36),在工具属性栏中设置【工具模式】为"形状",绘制一个矩形,在工具属性栏中修改 W 为 116 像素,H 为 26 像素,【描边】为"无" ■,见图 9-12;设置前景色为白色,选择【横排文字】工具 T,设置字体为黑体,分别输入文字"首页有惊喜",字号为 18,"热卖爆款"字号为 14,见图 9-13。

图 9-12

③ 制作搜索框,见图 9-14。

图 9-13   图 9-14

(a) 绘制白色圆角矩形。使用工具箱中的【圆角矩形】工具 ■,设置【工具模式】为"形状",前景色为白色,在画布上绘制白色圆角矩形形状,在【属性】面板中修改【半径】为 2 像素,W 为 140 像素,H 为 24 像素,见图 9-15。

(b) 绘制红色半圆角矩形。前景色为玫红色,在画布上绘制红色圆角矩形形状,在工具的【属性】面板中修改 W 为 37 像素,H 为 24 像素。取消圆角之间的链接,调整左侧两个圆角半径为 0 像素,右侧两个圆角半径为 2 像素,见图 9-16。使用工具箱中的【移动】工具 ▶ 将红色半圆角矩形调整到白色圆角矩形内。

(c) 绘制放大镜。设置前景色为白色,在【自定形状】工具 ▨ 中找到放大镜,在红色半圆角矩形内绘制放大镜,店铺店招的完成效果见图 9-2。

9.1.2 制作店铺轮播海报

店铺轮播海报一般会位于店招和导航栏下方,这个位置叫作黄金眼,用来放主推产品或主打的重要活动,让客户一目了然地知道店家的经营产品及优惠政策。这个位置一般最多可以放五张大图,以不断滚动的全屏通栏广告图形式呈现,所以这个位置的广告图也称为店

图 9-15 图 9-16

铺轮播海报,见图 9-17。

图 9-17

(1) 新建文件。名称为"海报",宽度为 1920 像素,高度为 940 像素,分辨率为 72 像素/英寸,颜色模式为 RGB 颜色(8 位),背景内容为"其他",选择颜色为浅灰色(♯949292)。

(2) 制作底图。设置前景色为黑色,从本章素材文件夹中置入"厨房背景.jpg"素材,调整到合适位置,并在该图层上方新建"图层 1",填充黑色(快捷键为 Alt+Delete),设置"图层1"(黑色图层)的不透明度为 40,见图 9-18。

(3) 输入文字。使用【横排文字】工具 T 输入文字,其中"历经 108 道罗汉序"字体为"华文中宋",字号为 52 点;"流传千年的古老手工技艺 精致竹皮编制"字体为"宋体",字号为 27 点;"纯手工"字体为"宋体",字号为 41 点;"竹制蒸笼"字体为"卫书法行书",字号为147 点,见图 9-19。

(4) 设置文字特效。

① 设置文字图层样式。在【图层】面板中双击"竹制蒸笼"文字图层缩略图,在打开的【图层样式】对话框中选择【渐变叠加】选项,设置渐变颜色为"R:254;G:224;B:170"到白色,单击【确定】按钮。

267

图 9-18

图 9-19

② 利用同样的方法设置"历经 108 道罗汉序"的图层样式，设置【渐变叠加】的渐变颜色为"R：254；G：112；B：24"到"R：251；G：231；B：205"；"流传千年的古老手工技艺　精致竹皮编制"图层样式中【渐变叠加】的渐变颜色为"R：251；G：231；B：205"到白色；设置"纯手工"文字颜色为"R：251；G：231；B：205"。置入本章素材文件夹中的两个光效素材，摆放在"竹"字上面和"制"字下面，效果见图 9-20。

图 9-20

（5）置入素材"白色蒸笼.jpg""木桶.jpg""包子.jpg"，并调整大小和位置，见图9-21。

图　9-21

（6）在新图层上分别为白色蒸笼图层、木桶图层添加投影，投影的制作方法仿照第2章球体、柱体、锥体投影的制作方法，效果见图9-22。

图　9-22

（7）分别置入素材、"黄色蒸笼.jpg""水果.jpg素材""蒸汽.jpg"，并调整大小和位置。在【图层】面板中将"蒸汽"图层置于"包子"图层上方，设置"蒸汽"图层【混合模式】为滤色。在【图层】面板中选择"蒸汽"图层，单击【添加图层蒙版】按钮 为"蒸汽"图层添加蒙版，使用黑色画笔在蒙版层涂抹，把位于白色蒸笼外的蒸汽隐藏，【图层】面板见图9-23，效果见图9-24。

（8）制作"立即抢购"标签，如图9-25所示。

① 绘制矩形。使用工具箱中的【矩形】工具 ，设置前景色为♯f9eaca，在工具属性栏中设置【工具模式】为"形状"，在如图9-26所示位置绘制一个矩形。

② 绘制箭头图形。设置前景色为黑色。使用【椭圆】工具 ，设置【工具模式】为"形状"，【填充】为"无"，【描边】为黑色，宽度为1点，绘制圆形线框，在【自定形状】工具 中找到箭头符号 ，在矩形内绘制箭头，见图9-25。

图 9-23

图 9-24

立即抢购 ▶

图 9-25

图 9-26

270

③ 输入文字"立即抢购",字体为"宋体",字号为 34 点,颜色"黑色",海报制作完毕的效果见图 9-17。

9.1.3 制作宝贝展示区

宝贝展示区包括了白色蒸笼、黄色蒸笼、木桶三种宝贝的展示海报,见图 9-27～图 9-29。其中黄色蒸笼的海报已经在第 6.3 节中学习了做法。白色蒸笼、木桶的海报做法与前面讲解的做法非常相似,这里只介绍图 9-30 的做法。

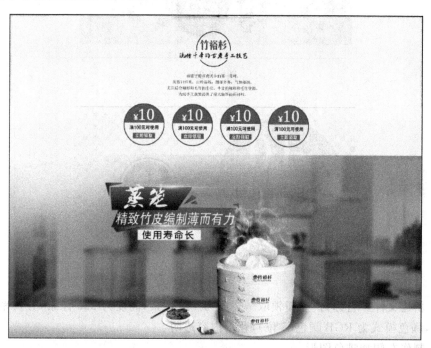

图 9-27

图 9-28

271

图　9-29

图　9-30

　　(1) 新建文件。名称为"立即领取",宽度为 420 像素,高度为 220 像素,分辨率为 72 像素/英寸,颜色模式为 RGB 颜色(8 位),背景内容透明。

　　(2) 制作左侧咖啡色图形。

　　① 绘制椭圆外框。在工具箱中选择【椭圆选框】工具　,在工具属性栏中设置【样式】为"固定大小",【高度】和【宽度】都为 200 像素,见图 9-31,在画布上单击,得到一个固定大小的椭圆选区,将其移动到适当位置。

图　9-31

　　② 描边。选择【编辑】→【描边】命令,在打开的【描边】对话框中设置描边【宽度】为 4 像素,颜色为"R:115;G:100;B:85",位置居中,保持椭圆选区。

　　③ 为一半椭圆填充颜色。在【图层】面板中新建"图层 2",在工具箱中选择【矩形选框】工具　,在工具属性栏中设置"与选区交叉"　,在椭圆选区上半部分拖动矩形,得到交叉区域,见图 9-32,设置前景色为"R:146;G:133;B:118",使用前景色填充选区(快捷键为 Alt+Delete),取消选择(快捷键为 Ctrl+D),在【图层】面板中将"图层 2"拖到"图层 1"下方,见图 9-33。

　　④ 绘制中间矩形区域并输入文字,矩形区域的颜色和半圆颜色相同,中文字体为"黑体",字号为 20,英文字体自己设置,"¥"字号为 41 点,"10"的字号为 74 点。完成后效果见图 9-34。

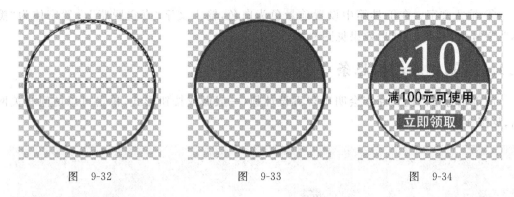

| 图　9-32 | 图　9-33 | 图　9-34 |

（3）制作右侧绿色圆形图案。

① 绘制椭圆外框。在工具箱中选择【椭圆选框】工具 ⬭，在工具属性栏中设置【固定大小】，【高度】和【宽度】都为 85 像素，在画布上咖啡色图形右侧单击，得到一个固定大小的椭圆选区，将其移动到适当位置。

② 用绿色描边。新建"图层 3"，选择【编辑】→【描边】命令，在打开的【描边】对话框中设置描边【宽度】为 2 像素，颜色为"R：0；G：50；B：20"，位置居中，单击【确定】按钮，保持椭圆选区。

③ 变换椭圆大小。在椭圆选框内右击，选择【变换选区】命令，按下 Alt＋Shift 快捷键，同时向内调整控制柄，椭圆选框从中心向内缩小，见图 9-35，在工具属性栏中看到缩放宽度比例为 90 时停止（也可以在工具属性栏中按下"长宽比例锁定"按钮 ⬭，直接输入 90）。使用前景色填充椭圆选框（快捷键为 Alt＋Delete），取消选择（快捷键为 Ctrl＋D），效果见图 9-36。

图　9-35

图　9-36

273

④ 输入文字。在工具箱中设置前景色为白色,输入文字"真空脱脂"设置字体为"黑体"、字号为 18 点,完成后效果见图 9-30。

9.1.4 制作底部信息条

底部信息条的内容商家会明确告诉设计师,一般做成按钮形式,单击可以访问相关网站,见图 9-37。

图 9-37

(1) 新建文件。名称为"底部",宽度为 1920 像素,高度为 445 像素,分辨率为 72 像素/英寸,颜色模式为 RGB 颜色(8 位),填充内容为"其他",选择颜色为"R:146;G:133;B:118"。

(2) 绘制圆形。设置前景色为"R:0;G:49;B:19",使用工具箱中的【椭圆】工具 ,在工具属性栏中设置【工具模式】为"形状",【描边】为"无" (单击描边图标右下角三角,在弹出对话框中选择),按下 Shift 键同时在画布上拖拽鼠标绘制圆形,在工具属性栏中修改 W 为 130 像素、H 为 130 像素。

(3) 复制两个圆形。在工具箱中选择【移动】工具 ,按下 Alt 键,同时在画布上用鼠标拖拽圆形两次,得到三个圆形。

(4) 对齐三个圆形并水平居中分布。使用【移动】工具 大致摆放三个圆形的位置(提示:按下 Ctrl 键同时用鼠标单击某个圆形,可以选中该圆形所在图层,方便移动图层内容)。在【图层】面板中选中"椭圆 1"图层,按下 Shift 键同时单击"椭圆 1 拷贝"和"椭圆 1 拷贝 2",同时选中三个圆形所在图层。在【移动】工具 属性栏选择"顶对齐" 和"水平居中分布" ,效果见图 9-38。

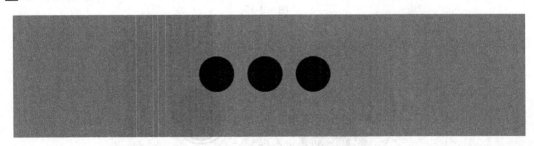

图 9-38

(5) 置入素材并嵌入到圆形中。置入本章素材文件夹中的"民间手工艺品.jpg",在【图层】面板中把该图层置于"椭圆 1"图层之上,按住 Alt 键,把鼠标光标移至两图层中间位置,

当鼠标光标变成 形状时单击，此时素材嵌入到椭圆形内（或者在"民间手工艺品"图层右击并选择【创建剪贴的蒙版】命令），适当调整"民间手工艺品"图像的位置和大小。利用同样的方法将另外两张图片嵌入到其他圆形中，【图层】面板见图9-39。

图 9-39

（6）输入文字。设置前景色为白色，选择【横排文字】工具 T ，设置字体为黑体，输入"关于竹裕杉"，字号为 45 点；输入"我们所理解的包装，无关贵重，但必须是某种升华或者品质的注释，所以我们想是否可以亲近自然"字号为 20 点，底部信息条设计效果见图9-37。

9.2　家居毯子详情页的设计与制作

详情页最大的作用是吸引顾客浏览，用"特点、功能、细节、实物展示、产品资质"等打消顾客心中的顾虑，在设计时应充分考虑以下内容。

（1）定位：产品定位与人群定位

产品定位：奠定主调。以家居毯子为例，其产品定位为家居装饰、空调毯、车用、手工编结等。

人群定位：奠定基调。客户人群一般分为受众人群与消费人群。受众人群代表市场潜在顾客，消费人群代表直接面对的客户。

（2）文案：主流与痛点

主流：在设计文案的时候要贴近当下主流，使用当下流行的元素和容易被人接受的内容，并将其灵活表现出来。

痛点：顾名思义，痛点就是用户在正常的生活当中所纠结和抱怨的问题。因此，他需要找到一种解决方案来急切化解这个问题，解开这个纠结，抚平这个抱怨，以恢复他正常的生活状态。这里举一个家居毯子的例子，针对都市青年、时尚白领在城市的快节奏生活中，追求一种有情调的慢生活状态，北欧风时尚家居毯子详情页在设计时着重展示简洁、时尚、百搭的特点，满足客户家居装饰、车载盖毯的时尚需求。

（3）视觉：整体性、舒适性、差异性

整体性：视觉的整体性主要体现在颜色搭配与排版上，建议参考产品定位与人群定位来选择颜色搭配，在排版上通过 Photoshop 作图的时候用参考线切割不同的版块，放置不同的内容。

舒适性：视觉的舒适性除了颜色、排版之外，就是文案与字体，文案内容决定了需要使用的字体，在字体选择上要注重简洁性、统一性和协调性。

差异性：视觉的差异性主要来自于和对手产品的对比，比如外观对比、功能对比、特点对比、价格对比等。

（4）宝贝详情页内容设计

页面本身一般分为两块：图片展示设计和功能效果设计。

对商品的展示上，图片排版非常重要，设计师需要利用最少的空间展现出最合理的图片。同时，运用图文结合的形式，在呈现图片的同时加以文字介绍，让买家更加了解商品。在介绍商品的效果时，文字不宜过多，过多的文字容易让买家感觉到厌烦。在必须排列较多文字的情况时，务必要注意文字的排版，切忌把所有文字不做处理地直接呈现给买家。

宝贝详情页宽度为 790 像素、高度为 8920 像素，无法正常在书中呈现，现分割为 11 张图，见图 9-40～图 9-50，完整图片见本章素材文件夹。由于各部分制作方法雷同，这里仅对图 9-40、图 9-44、图 9-45 的做法进行说明。

图 9-40　　　　　　　　　　图 9-41

图　9-42

图　9-43

图　9-44

图　9-45

图　9-46

图　9-47

图　9-48

图　9-49

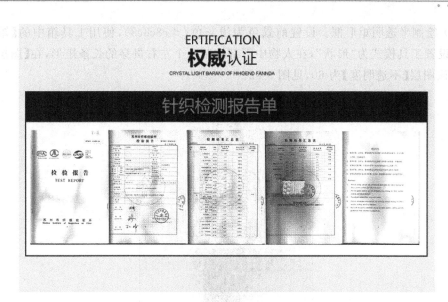

图　　9-50

9.2.1　制作毯子基本信息图

"毯子基本信息图"是宝贝详情页的第一屏,也是是否能留住客户视线的关键,既要美观大方,又要有一定文字说明信息,见图 9-40。制作方法如下:

(1) 新建文件。名称为"毯子 1",宽度为 790 像素,高度为 1340 像素,分辨率为 72 像素/英寸,颜色模式为 RGB 颜色(8 位),背景内容为"白色"。

(2) 置入人物素材。置入本章素材文件夹中的"人物模特 1.jpg"素材,并调整大小,见图 9-51。

图　　9-51

(3) 绘制半透明矩形框。设置前景色为浅灰色(♯c8c8c8),使用工具箱中的【矩形】工具■,设置工具模式为"形状",在人物中下部绘制一个左右贯穿的长条矩形,在【图层】面板中设置该图层【不透明度】为 60,见图 9-52。

图 9-52

(4) 在灰色矩形上输入文字。使用【横排文字蒙版】工具 T 输入文字,字体为"微软雅黑",其中"针织·休闲毯",字号为 27 点,字色为"黑色";"北欧 EUROPE"字号为 16 点,字色为"白色";"TASTE NOT SIMPLE"字号为 22 点,字色为"红色(♯b50e29)",见图 9-53。

图 9-53

(5) 绘制灰色小矩形框。使用工具箱中的【矩形】工具■,设置工具模式为"形状",【填充】为灰色(♯49494b),在画布中"北欧 EUROPE"文字位置绘制一个小长条矩形,在【图层】面板中调整该图层到"北欧 EUROPE"文字层下方,见图 9-54。

图 9-54

（6）绘制底部矩形块。设置前景色为黑色，使用工具箱中的【矩形】工具 ■，设置【工具模式】为"形状"，在底部绘制一个左右贯穿的长条矩形，将原来的白色全部覆盖，见图 9-55。

图　9-55

（7）置入家居素材图片。置入本章素材文件夹的"家居1.jpg"素材，在画布上使用【移动】工具 ▶+，将"家居1"图片移动到黑色矩形框位置，在【图层】面板中把"家居1"图层置于黑色矩形图层之上，按住 Alt 键，把鼠标光标移至两图层中间位置，当鼠标光标变成 ⬚□ 形状时单击，此时素材嵌入到黑色矩形框内（或者在"家居1"图层右击，选择【创建剪贴的蒙版】命令），适当调整"家居1"图像的位置和大小，在【图层】面板中设置"家居1"图层不透明度为30，见图 9-56。

图　9-56

（8）置入毯子素材图片。置入本章素材文件夹的"毯子1.jpg"素材，移动到黑色矩形框位置，在【图层】面板中使"毯子1"图层位于"家居1"图层上方，在"毯子1"图层右击，选择【创建剪贴的蒙版】命令，此时毯子素材也嵌入到黑色形内，适当调整毯子图像的位置和大小，效果见图 9-57。

（9）输入文字。使用【横排文字蒙版】工具 ▥，设置字体为"方正大黑简体"，在底部输入文字"BLANKET"，字号为46点，字色为"米黄色（♯e2c275）"；"BUT NOT MEDIOCRE"字号为17，字色为"白色"。至此完成制作，保存文件为 jpg 和 psd 两种格式，效果见图 9-58，完成后效

图　9-57

图　9-58

果见图 9-40。

9.2.2　制作菱形图案

本实例制作如图 9-59 所示的图案。

（1）新建文件。名称为"菱形图案"，宽度为 790 像素，高度为 790 像素，分辨率为 72 像素/英寸，颜色模式为 RGB 颜色（8 位），背景内容为"白色"。

图　9-59

（2）绘制一个淡紫色正方形。使用工具箱中的【矩形】工具 ▢，设置前景色为淡紫色（♯858fa8），在工具属性栏中设置工具模式为"形状"，按下 Shift 键的同时在画布上绘制一个正方形，在工具属性栏中修改 W 为 173 像素、H 为 173 像素，【描边】为"无" ▱，见图 9-60。

图　9-60

（3）复制 2 个淡紫色正方形，并排成一列。在工具箱中选择【移动】工具 ▸╋，按下 Alt 键，在画布上用鼠标拖拽正方形 2 次，得到 3 个正方形，见图 9-61。

（4）细致排列 3 个正方形。使用【移动】工具 ▸╋，按下 Ctrl 键的同时，单击需要移动的

图　9-61

正方形,选中其所在图层,依次移动 3 个正方形的位置,使之间的距离在 2 像素左右,在【图层】面板中同时选中三个图层,在【移动】工具 属性栏中选择"顶对齐" 和"水平居中分布" ,效果见图 9-62。

图　9-62

(5) 建立图层组。在【图层】面板中右击并选择【从图层建立组】命令,新建"组 1","组 1"内为三个正方形图层。

(6) 复制成为 9 个正方形。在【图层】面板中选择组 1,右击并选择【复制组】命令,生成"组 1 拷贝",重复上述操作,得到"组 2 拷贝",【图层】面板见图 9-63。

(7) 排列 9 个正方形。

① 使用【移动】工具 ,按下 Ctrl 键的同时,在画布上单击需要移动的正方形组,选中其所在组,依次向下移动 2 组正方形的位置,使之间的距离在 2 像素左右,在【图层】面板中同时选中三个图层,在工具属性栏中选择"左对齐"按钮 。

② 微调三组正方形之间的垂直距离。按下 Ctrl 键的同时,在画布上分别选中不同的正方形组。使用键盘上向上和向下方向的箭头,仔细调整 3 组正方形在垂直方向上的距离,效果见图 9-64。

(8) 旋转正方形组。在【图层】面板中同时选中三个图层组,按下 Ctrl+T 快捷键,进入变换状态,将鼠标光标移

图　9-63

283

至变换区域右上角控制点外侧,当鼠标光标变成↰形状时,按下左键拖动鼠标,顺时针旋转45°,见图 9-65,在变换区域内双击确认操作。

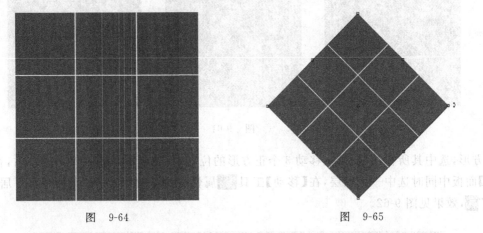

图　9-64　　　　　　　　　　　　　　　图　9-65

(9) 在【图层】面板中删除最顶端和最底端的两个正方形图层。在画布上标号为①的正方形区域右击,选择显示的图层名称(不是组的名称),见图 9-66。激活最顶端的正方形所在图层,在【图层】面板中将该图层向下拖至垃圾桶🗑上将其删除。重复上述操作,删除标号为②的正方形,效果见图 9-67。

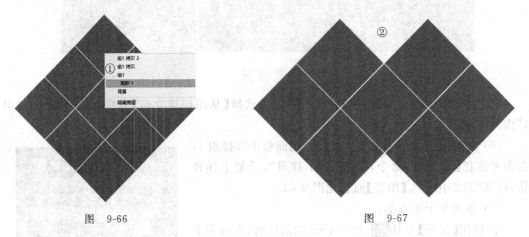

图　9-66　　　　　　　　　　　　　　　图　9-67

(10) 嵌入图片。利用前面所学知识,置入素材文件夹中的"水珠.jpg"和"毯子 2.jpg"文件,并和对应图层创建剪贴的蒙版,效果见图 9-68。

(11) 修改三个正方形的颜色。参考图 9-68 中的标识,使用【移动】工具🕂,按下 Ctrl键的同时,单击③号正方形区域,选中该正方形,单击工具箱中的【矩形】工具▭,激活【矩形】工具▭的属性栏。在工具属性栏中单击【填充】图标,弹出对话框,见图 9-69。单击对话框右上角的【拾色器】按钮▦,在打开的【拾色器】对话框中选择蓝深颜色(♯393358),单击【确定】按钮。利用同样的方法修改④号正方形颜色为♯a1acc7,⑤号正方形颜色为♯4e5b7b,效果见图 9-70。

(12) 输入相关文字。文字内容见图 9-59,文字颜色为"白色",大字字号为 30 点,字体为"微软雅黑";小字字号为 15 点,字体为"幼圆",完成后效果见图 9-59。

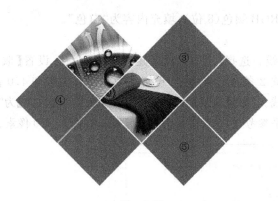

图　9-68

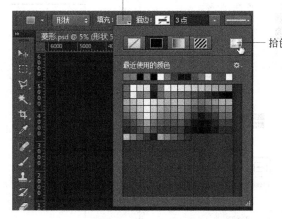

图　9-69

图　9-70

9.2.3　制作宝贝参数展示页

制作宝贝参数展示页,包括宝贝图片、基本信息、产品指数、洗涤说明、温馨提示等几部分,见图9-71。

(1)新建文件。名称为"商品参数",宽度为790像素,高度为950像素,分辨率为72像

285

素/英寸,颜色模式为 RGB 颜色(8 位),填充内容为"白色"。

(2) 绘制参考线。

① 绘制垂直参考线。选择【视图】→【新建参考线】命令,设置【取向】为"垂直",【位置】为 55 像素,依次再建立 2 条垂直参考线,设置参数为 410 像素和 470 像素。

② 绘制水平参考线。选择【视图】→【新建参考线】命令,置【取向】为"水平",【位置】为 26 像素,依次再建立 4 条水平参考线,设置参数为 130 像素、540 像素、680 像素、820 像素,见图 9-72。

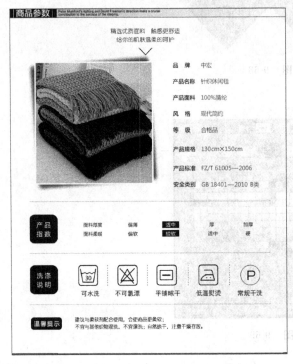

图　9-71

图　9-72

(3) 制作商品参数条。

① 绘制长条矩形。设置前景色为黑色,使用工具箱中的【矩形】工具，在工具属性栏中设置工具模式为"形状",【描边】为"无"，在画布上沿着第一层水平参考线绘制一个长条矩形,生成"矩形 1"图层,见图 9-73。

② 添加图层样式。在【图层】面板中双击"矩形1"图层缩略图,在打开的【图层样式】对话框中选择【渐变叠加】选项,在对话框中设置【渐变】颜色为从浅灰到白色渐变,【样式】为"线性";选择【描边】选项,在对话框中设置【大小】为 1 像素,颜色为黑色。

③ 绘制黑色矩形块,并输入文字"商品参数",字体为"微软雅黑",字号为 23 点,字色白色。使用【直线】工具，【工具模式】选择"形状",【填充】为白色,

图　9-73

在文字左右绘制两条白线,见图 9-74。

图　9-74

（4）输入文字并设置居中对齐。输入文字"精选优质面料　触感更舒适　给你的肌肤温柔的呵护",字体为"幼圆",字号为 16 点。选择【窗口】→【字符】命令,打开【字符】面板,选择【段落】选项卡,设置居中对齐,见图 9-75,效果见图 9-76。

图　9-75

图　9-76

（5）在新图层绘制向下箭头。新建"图层 1"（快捷键为 Shift＋Ctrl＋N）,使用【矩形选框】工具在画布上绘制一个正方形,选择【编辑】→【描边】命令,设置【宽度】为 2 像素,颜色为黑色,单击【确定】按钮。取消选择（快捷键为 Ctrl＋D）。自由变换矩形（快捷键为 Ctrl＋T）,在外侧拖拽控制柄旋转 45°,使用【矩形选框】工具框选上半部分并删除,见图 9-77,取消选择。

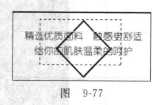

图　9-77

（6）制作图片展示框。使用工具箱中的【矩形】工具,在工具属性栏中设置【工具模式】为"形状",【描边】宽度为 4 点,【描边】颜色为白色,绘制正方形,生成"矩形 3"图层,正方形右侧与第三条垂直参考线对齐,见图 9-78。

（7）在新图层制作图片框阴影。

① 将正方形载入选区。按下 Ctrl 键的同时在【图层】面板中单击"矩形 3"图层前面的缩略图,将正方形载入选区。

② 羽化选区。选择【选择】→【修改】→【羽化】（快捷键为 Shift＋F6）命令,在打开的对话框中设置羽化【半径】为 5 像素。新建"图层 2"（快捷键为 Shift＋Ctrl＋N）,使用前景色填充选区（快捷键为 Alt＋Delete）,取消选择（快捷键为 Ctrl＋D）。

③ 旋转矩形。自由变换"图层 2"（快捷键为 Ctrl＋T）,使正方形稍微向逆时针方向偏转,在【图层】面板中设置"图层 2"不透明度为 40,将"图层 2"拖拽到"矩形 3"图层下面,效果见图 9-79。

287

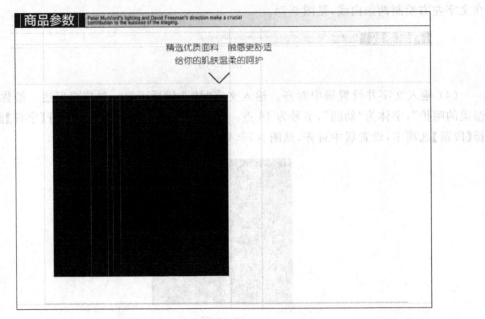

图　9-78

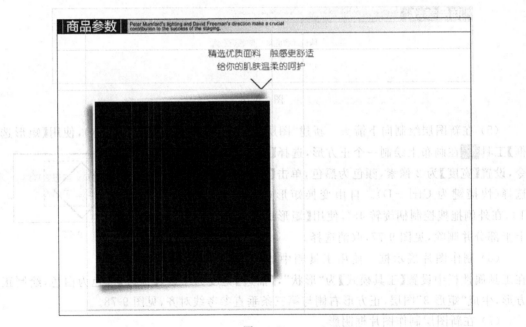

图　9-79

（8）置入素材并嵌入到正方形中。置入本章素材文件夹中的"毯子 3.jpg"素材，在【图层】面板中把该图层置于"矩形 3"之上，按住 Alt 键，把鼠标移至两图层中间位置，当鼠标指针变成 形状时，单击，此时素材嵌入到正方形内。适当调整毯子图像的位置和大小，效果见图 9-80。

（9）输入宝贝信息。

① 输入文字。使用【横排文字】工具 ，设置字体为"微软雅黑"、字号为 16。分两次输

图　9-80

入文字信息，其中左侧"品牌、产品名称、产品面料、风格、等级、产品规格、产品标准、安全类别"文字字色为黑色；右侧"中宏、针织休闲毯、100 腈纶、现代简约、合格品、130cm×150cm、FZ/T 61005—2006、GB 18401—2010 B 类"文字字色为灰色（♯8c8c8c）。

　　② 设置文字对齐方式。选择【窗口】→【字符】命令，打开【字符】面板，选择【段落】选项卡，设置左对齐，效果见图 9-81。

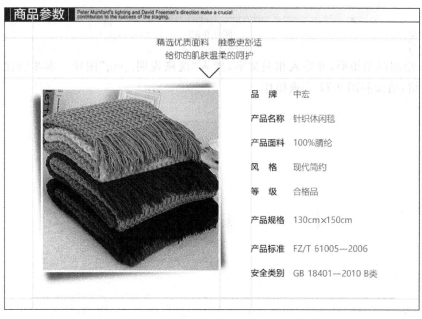

图　9-81

（10）绘制两条灰色分割线。使用【直线】工具 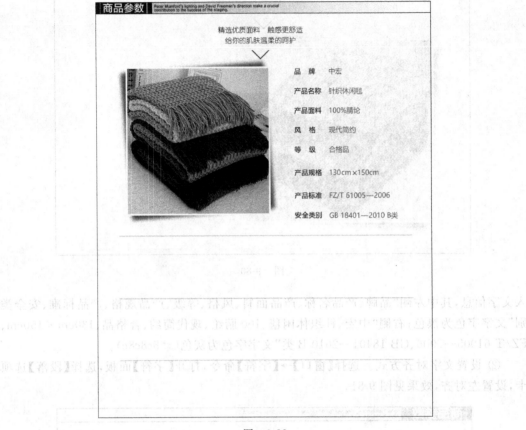，设置前景色为浅灰色，沿第 3～5 条参考线绘制三条灰色直线，见图 9-82。

图 9-82

（11）绘制圆角矩形，并输入相关文字，置入"洗涤说明. png"图片。本步骤操作方法前面已经介绍，请参照图 9-71 完成操作。

第 10 章　动作的运用

10.1　批处理图片的亮度/对比度

要求：一次性调整本章 10.1 节素材文件夹中的 10 张图片的亮度/对比度，并以 p 开头的序列名称，例如 p1、p2、p3、⋯保存在 D 盘根目录下"改后文件"文件夹里。

10.1.1　知识要点

首先利用【动作】面板录制动作，然后利用【文件】→【自动】→【批处理】命令对多个文件进行批处理。

10.1.2　实现步骤

（1）打开本章 10.1 节素材文件夹中的"花儿.jpg"。

（2）新建动作。选择【窗口】→【动作】命令，在打开的【动作】面板中单击【创建新动作】按钮 🔲，在【新建动作】对话框中输入名称为"自动调整亮度"，其他参数仍用默认值，单击【记录】按钮，完成后【动作】面板见图 10-1。

（3）调整亮度/对比度。选择【图像】→【调整】→【亮度/对比度】命令，在其对话框中设置【亮度】为 20，【对比度】为 30。

（4）另存文件。首先在 D 盘根目录下新建文件夹"改后文件"，再返回 Photoshop 软件中选择【文件】→【存储为】命令，在其对话框中选择保存位置为"D:\改后文件"，【文件名】为 p1，【保存类型】为 JPEG，单击【保存】按钮。

（5）关闭文件。选择【文件】→【关闭】命令。

（6）停止记录。在【动作】面板中单击底部的【停止播放/记录】按钮 🔲，见图 10-2。

图　10-1　　　　　　　　　图　10-2

（7）自动批处理多个文件。选择【文件】→【自动】→【批处理】命令，在其对话框中设置参数见图 10-3，单击【确定】按钮开始批处理工作。

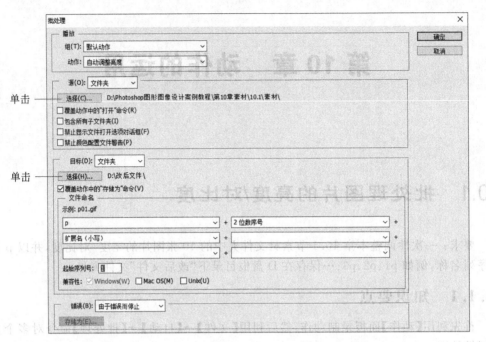

图　10-3

10.1.3　知识解析

在工作中人们往往需要将多张图片的分辨率、大小、明暗、色彩等调整成统一样式,如果使用 Photoshop 软件逐个对图像文件进行调整,工作量太大,并且标准不能统一。恰当地运用 Photoshop 提供的动作录制、播放功能,可以使同一类图像处理自动化,从而批量地处理大量的图片文档,有效提高工作效率。

【动作】面板如图 10-4 所示。

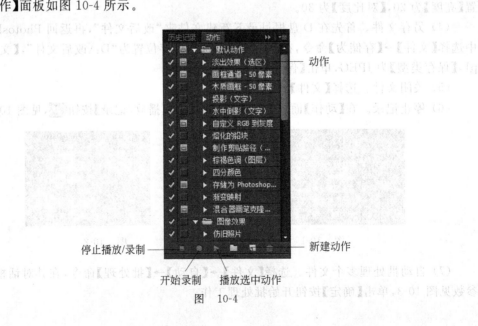

图　10-4

10.1.4　自主练习

要求：自动批量改变图片的尺寸。将本章 10.1 节素材文件夹中的 10 张图片批处理为宽度为 400 像素的文件,并以 b1、b2、…序列名称保存在新建文件夹中。

简要制作步骤如下:

(1) 打开本章 10.1 节素材文件夹中的任意一张图片。

(2) 新建动作。在【动作】面板中创建新动作,命名为"调整大小"。

(3) 调整大小。选择【图像】→【图像大小】命令,在其对话框中设置【宽度】为 400 像素,单击【确定】按钮。

(4) 另存文件。

(5) 关闭文件。

(6) 停止录制。

(7) 自动批处理多个文件。

10.2　制作旋转的曲线丛效果

10.2.1　知识要点

使用【钢笔】工具✐绘制曲线路径,利用【用画笔描边路径】命令制作单个曲线,录制曲线旋转动作,运用【动作】面板重复旋转复制曲线,得到旋转的曲线丛效果,见图 10-5。

图　10-5　　　　　　　　　　　　图　10-6

10.2.2　实现步骤

(1) 新建文件。名称为"旋转的曲线",宽度为 15 厘米,高度为 15 厘米,分辨率为 100 像素/英寸,颜色模式 RGB(8 位),背景内容为"白色"。

(2) 在新图层绘制一条曲线。新建"图层 1"(快捷键为 Shift＋Ctrl＋N),设置前景色为"R：62;G：130;B：206"。使用工具箱中的【钢笔】工具✐画出一条曲线路径。选择【画笔】工具✎,在工具属性栏中选择笔尖形状为圆形,【大小】为 4 像素,【硬度】为 0,单击【路径】面板下的【用画笔描边路径】按钮○,效果见图 10-6。

(3) 新建动作。在【动作】面板中单击底端的【创建新动作】按钮▣,在其对话框中输入名称为"画曲线"。

(4) 调整角度。复制"图层 1"(快捷键为 Ctrl+J),得到"图层 1 拷贝",快捷键为 Ctrl+T,进入自由变换状态,旋转曲线,效果见图 10-7。

(5) 停止动作。在【动作】面板中单击底端的【停止播放/录制】■ 按钮。

(6) 播放动作。在【动作】面板中反复单击动作窗口下面的【播放】按钮▶,效果见图 10-8。

图 10-7   图 10-8

(7) 拼合图层。在【图层】面板中选择包含曲线的所有图层,拼合图层(快捷键为 Ctrl+E),修改拼合后图层名称为"曲线丛"。

(8) 添加图层样式。在【图层】面板中双击"曲线丛"图层缩略图,在打开的【图层样式】对话框中选择【投影】选项,参数设置见图 10-9。

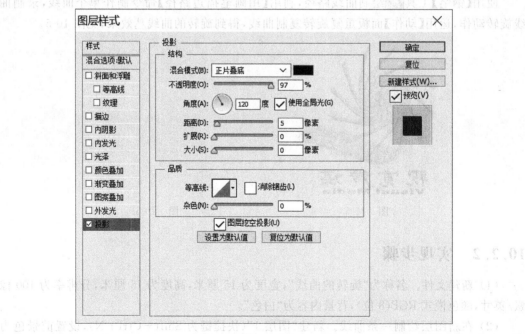

图 10-9

(9) 制作橘黄色衬底。新建"图层 1"(快捷键为 Shift+Ctrl+N)。选择工具箱中的【画笔】工具 ,选择"主直径 63 像素,干介质画笔",见图 10-10,设置前景色为"R:255;G:163;B:42",涂抹在图 10-5 所示的橘黄色位置。

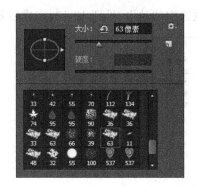

图 10-10

(10) 添加图层样式。复制"曲线丛"图层样式,粘贴到"图层 1"。

(11) 制作文本效果。输入文本"视觉传媒",栅格化文字,然后将文字载入选区,填充从蓝色(R：62;G：130;B：206)到橘黄(R：255;G：163;B：42)的线性渐变,效果见图 10-5。

(12) 保存文件。

10.3 用动作添加风雪效果

10.3.1 知识要点

使用【动作】→【图像效果】→【暴风雪】为照片自动添加暴风雪效果,见图 10-11。

图 10-11

10.3.2 实现步骤

(1) 打开本章 10.3 节素材文件夹中的"运动.jpg"。

(2) 制作暴风雪效果。

① 追加【图像效果】动作集。在【动作】面板中单击右上角的按钮 ≣,选中【图像效果】,见图 10-12,追加【图像效果】动作集。

② 使用【暴风雪】效果。在追加的【图像效果】动作集中选择【暴风雪】,然后单击【动作】

面板上的"播放"按钮 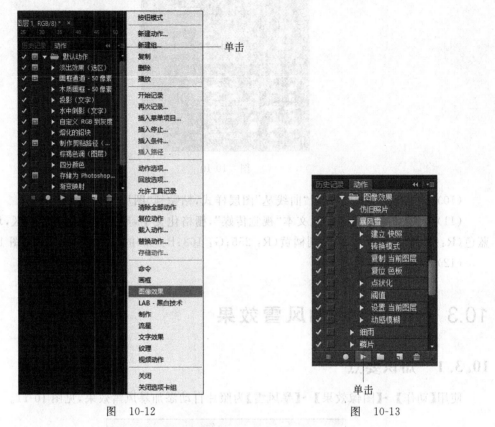，播放选中的动作，见图10-13，完成后效果见图10-11。

图 10-12   图 10-13

10.3.3 知识解析

Photoshop CC 的默认动作集提供了方便的图像自动处理功能，通过研究默认动作集的各项命令组合，可以学到 Photoshop 处理图像的一些有效方法。结合自动批处理功能使用动作集，能有效地提高工作效率。

单击动作窗口右上角的按钮 ，见图10-14，从弹出的快捷菜单中可以看出，在目录中有 9 个自带动作集，加上默认动作，一共 10 个动作集，每个动作集可以完成一到多个效果，依次单击动作集名称，可以将其载入到【动作】面板。

10.3.4 自主练习

练习一：自动改变照片色调（见图10-15）。

简要制作步骤如下：

（1）打开本章10.3节素材文件夹中的"沙漠.jpg"文件。

（2）制作垂直颜色渐隐效果。在【动作】面板中选择【图像效果】动作集中的【垂直颜色渐隐（色彩）】，单击"播放"按钮 ，播放选中的动作，见图10-16，完成后效果见图10-15。

提示："垂直颜色渐隐（色彩）"命令是指垂直色调渐淡效果，渐趋于黑白。

练习二：制作投影文字（见图 10-17）。

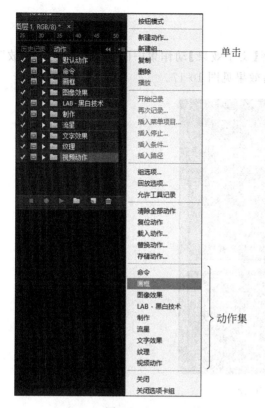

单击

动作集

图　10-14

图　10-15

单击

图　10-16

图　10-17

简要制作步骤如下：

（1）新建文件。

（2）输入文字"艺术设计"。

（3）制作投影效果。在【动作】面板中选择【文字效果】动作集中的【投影】，单击"播放"按钮 ▶，播放选中的动作，见图 10-18，完成后效果见图 10-17。

图 10-18

参 考 文 献

[1] 王红卫,等.Photoshop CS6 案例实战从入门到精通[M].北京:机械工业出版社,2012.

[2] 张丕军,杨顺花.Photoshop CC 实例教程[M].北京:海洋出版社,2014.

[3] 九州书源.Photoshop CS5 图像处理(实例版)[M].北京:清华大学出版社,2011.

[4] Adobe 公司.Adobe Photoshop CC 经典教程[M].北京:人民邮电出版社,2015.

[5] 李金明,李金荣.Photoshop CS6 完全自学教程[M].北京:人民邮电出版社,2012.

参考文献

[1] 王红卫. Photoshop CS6 案例实战从入门到精通[M]. 北京：机械工业出版社, 2012.

[2] 宋凤年，杨雅茹. Photoshop CC 实例与操作[M]. 北京：高等教育出版社, 2014.

[3] 九州卓越. Photoshop CS5 图像处理典型实例精解[M]. 北京：海洋出版社, 2011.

[4] Adobe公司. Adobe Photoshop CC 经典教程[M]. 北京：人民邮电出版社, 2014.

[5] 李金明，李金蓉. Photoshop CS6 完全自学教程[M]. 北京：人民邮电出版社, 2012.